上海高校知识服务平台项目（海派时尚设计及价值创造知识服务中心）、国家自然科学基金项目（71373227）、上海市高校青年教师培养资助计划（KY01X0322016010）、中国创意城市研究院、城市创意经济与创新服务智库基地等资助。

时尚之路

——上海国际时尚之都建设的新探索

Fashion Road

—New Exploration of Shanghai Global Fashion Capital

沈 滨 著

U0293651

经济管理出版社

ECONOMY & MANAGEMENT PUBLISHING HOUSE

图书在版编目（CIP）数据

时尚之路：上海国际时尚之都建设的新探索/沈滨著. —北京：经济管理出版社，2017.1

ISBN 978-7-5096-4704-2

Ⅰ.①时… Ⅱ.①沈… Ⅲ.①城市规划—研究—上海 Ⅳ.①TU982.251

中国版本图书馆 CIP 数据核字（2016）第 265138 号

组稿编辑：陈　力

责任编辑：陈　力　周晓东

责任印制：司东翔

责任校对：超　凡

出版发行：经济管理出版社

　　　　　（北京市海淀区北蜂窝 8 号中雅大厦 A 座 11 层　100038）

网　　　址：www. E-mp. com. cn

电　　　话：（010）51915602

印　　　刷：玉田县昊达印刷有限公司

经　　　销：新华书店

开　　　本：720mm×1000mm/16

印　　　张：15.5

字　　　数：265 千字

版　　　次：2017 年 4 月第 1 版　2017 年 4 月第 1 次印刷

书　　　号：ISBN 978-7-5096-4704-2

定　　　价：48.00 元

《海派时尚与创意经济》系列丛书
编委会

《海派时尚与创意经济》系列丛书
总　序

　　自 20 世纪 30 年代初期，中国文坛"京海"之争以来，"海派时尚"作为上海特有的社会、文化、艺术现象，引领上海经济，始终走在亚洲最前列。传承了吴越文化和江南文化内涵的"海派时尚"文化，不仅具备雅致、细腻、隽永的特点，还具备开拓创新、善于吸收外部文化精髓的特质。"海纳百川、兼容并蓄"是对"海派时尚"文化最精辟的总结和描述。

　　"海派时尚"文化对城市经济、区域产业、文化创意产业的研究，兴起于 21 世纪初，缘起后工业化时代人们对于经济过快发展带来负面作用的反思和时尚创意产业在世界范围内的蓬勃发展及其对城市经济的持续性推动作用。然而，对于"海派时尚"产业以及相关领域的理论研究，特别是针对上海城市发展特殊性和中国经济体制转型过程中的时尚创意产业发展方向与发展路径研究，更显得匮乏。

　　上海作为"海派时尚"文化的城市载体，时尚产业的发展越来越受到政府重视。2008 年 9 月，上海市人民政府办公厅向全市转发了上海市经济和信息化委员会（简称经信委）、上海市发展和改革委员会（简称发改委）制定的《上海产业发展重点支持目录》，其中的"生产性服务业"明确了"时尚产业"的条目，并明确使其作为产业发展的导向。时尚产业是典型的都市产业，跨越了高附加值制造业与现代服务业的产业界限，是多重传统产业的组合。围绕未来建设"全球城市"的目标，上海时尚产业总体沿着"世界时尚展览展示中心、亚太时尚体验消费中心、东方时尚创意中心"的道路迈进，形成了具备一定创新能力，具有多元性"海派时尚"文化生产要素、市场要素、制度要素和辅助要素的一系列开创性价值创新体系架构，并在此架构上，探索出符合上海城市发展特点的时尚产业价值创新发展路径。

　　目前，上海的"海派时尚"产业已经具备一定规模，尽管与伦敦、纽约等城市相比仍有一定距离，但是"海派时尚"文化的影响力和驱动力逐渐显现，海派时尚创意产业园区、海派时尚产业公会组织、海派时尚节事，成为上海时尚产业发展的标志性内容。价值创新的原动力逐渐明确、耦合机制日益成熟、发展路径日渐明晰，需要理论研究的及时跟进。

本系列丛书的出版，不仅能够帮助研究者了解"海派时尚"文化背景下时尚产业发展的基本脉络，也能够让更多的学者、学生和时尚爱好者了解上海时尚产业的相关政策和发展趋势。只有群策群力、共同参与，才能让"海纳百川、兼容并蓄"的上海城市文化精神永远传递。

另外，在丛书的编写和出版过程中，经济管理出版社陈力老师给予了大量帮助，东华大学刘春红副校长给予了众多关心与关怀。袁新敏副教授、谭娜博士、何琦博士、颜莉博士、张洁瑶博士、丛海彬博士、张贺博士生、高晗博士生、周琦博士生、江瑶博士生等参与丛书部分书稿编写及校对。对以上老师和学生们所付出的工作和努力表示由衷的感谢！

高长春

2014 年春于上海

前 言

上海，有"远东明珠"和"东方巴黎"之称，是中国当前经济最活跃、国际化程度最高的城市。上海正处在"创新驱动、转型发展"的关键时期，对时尚产品的消费需求不断扩大。近期，《上海"十三五"规划》、《上海市推进国际贸易中心建设条例》、《长江三角洲地区区域规划》、《中国（上海）自由贸易试验区总体方案》等相关政策的出台实施，都为上海市培育和发展时尚产业带来了难得的机遇。发展时尚产业、建设时尚之都，是上海时尚产业发展国际化的客观要求，是上海发挥独特优势和彰显城市特色的必然选择，对上海时尚产业转型升级，提升上海时尚城市形象，打造上海成为国际时尚之都具有十分重要的意义。

将上海建设成为具有国际影响力的全球性时尚之都，坚持"消费引领时尚、文化积淀时尚、教育点亮时尚、科创驱动时尚、品牌承载时尚，'一带一路'作指引"的总方针，是上海时尚产业发展的必由之路。

从世界范围来看，时尚产业比较发达的城市主要有纽约、巴黎、伦敦、米兰、东京、中国香港等，这些时尚中心不但成为时尚产业的中心，也成为了旅游文化产业的中心，同时也是时尚市场规模最大、消费力量较为集中的区域。这些时尚市场的建立和培养，都经历了一定的历史积淀，同时具有一些共性的特点：一定的城市规模、较高的经济发展水平、深厚的文化底蕴、丰富的时尚活动；而这些城市又各自具有不同的时尚个性和特点，形成了鲜明的城市性格，例如纽约的休闲与自然、伦敦的前卫与创新、巴黎的繁华与浪漫、米兰的古典与平和、东京的多变与活力，这些都大幅度提升了城市的吸引力，促进了城市的繁荣。

本书针对上海城市的基本特征与基因，通过分析国际五大时尚之都，找出上海与国际五大时尚之都之间的差距所在，探讨上海发展成为世界第六大时尚之都的瓶颈。此外，本书以消费、文化、教育、科技创新、品牌这五方面为分析主干，全面系统地分析上海国际时尚之都在这五方面应如何进行推进，进而实现突破重围。

本书对上海如何建成国际时尚之都进行了新的探索与研究。在撰写本书的过程中广泛参阅了大量国内外文献资料，我们向这些作者表示深深的谢意。此外，本书在撰写过程中获得了许多国际时尚行业专家的帮助与指导，特别是上海市经济和信息化委员会都市产业处刘波英处长、东华大学副校长刘春红教授、东华大学旭日工商管理学院高长春教授、美国纽约时装技术学院 Vincent Quan 教授、英国曼彻斯特大学 Patsy Perry 教授、法国里昂商学院 Michel Phan 教授、意大利乌迪内大学 Monia Massarini 教授、澳大利亚科廷大学 Ian Phau 教授、中国香港大学 Tommy Tse 教授、上海纺织集团上海市服装研究所张薇女士、Louis Quatorze 中华区总经理金宗建先生、Club Monaco 中国区经理陈智先生等。同时，在本书的撰写过程中，得到了团队成员夏溢联、金健、杜宇、姚如梦、陈琳等同学的帮助。

本书的出版受到上海市促进文化创意产业发展财政扶持资金课题（2016020012）、上海高校知识服务平台（海派时尚设计及价值创造知识服务中心）、国家自然科学基金（71401029）、晨光计划（15CG34）的资助。

本书得以出版，要特别感谢上海市文化创意产业推进领导小组办公室的支持。本书的内容为 2016 年上海市促进文化创意产业发展财政扶持资金研究课题项目"全球时尚行业'设计＋品牌'双驱模式下的上海时尚之都建设研究"的主要研究成果。

由于作者水平有限，本书如有错误与疏漏，请读者给予批评指正。

沈　滨

东华大学旭日工商管理学院

目 录

第一章
时尚产业概论

时尚是现代社会的重要产物。现代都市的人们对产品的需求不仅是满足基本功能实用性，更是对美与潮流的追求，对艺术和文化的尊崇。知识创新和智力资本的投入是时尚产品发展的重要生产要素，激发了带有时尚特性的生产力量，在满足人们物质需求的同时，也进一步升华了精神追求。由此可见，时尚已成为商品发展的重要趋势。同时，互联网与信息技术的发展加快了时尚的创造和传播进程。时尚已经成为大众生活文化的聚焦点，渗透到了社会的各个阶级。时尚产业的发展也促进了经济增长和社会进步，时尚产业并不是一个独立的产业，不仅包含服饰、珠宝、香水等，还覆盖了诸如建筑、通信、教育等。时尚经济改变了人们的生活方式，影响着人们的价值观念，在经济发展中起着越来越重要的作用。

第一节
时尚与时尚产品

一、时尚

时尚最基本的概念就是"美"。人们对于美的事物总是有着无限的追求。爱美是人类的天性。因此，自有人类文明以来，时尚就已诞生了。但什么才是真正的"美"呢？什么才是真正的时尚呢？每个时代对"美"与时尚均有着不同的看法和标准。例如，唐朝以胖为美，而如今女性更多追求曼妙苗条的身材。通过对"美"和时尚的标准进行比较我们不难发现，对"美"或时尚的一个重要影响因素是附带时代特征的价值观。不同时代的人有着不同的见解，即便在同一时期，不同社会阶层、宗教信仰、文化程度的人对"美"的看法也不尽相同。在时尚理论界，有着不同派系的理论，从不同角度来阐述什么是时尚。显然，"美"的标准有着深刻的时代烙印，与所处时代人们的生活形态、价值观念息息相关。人们对于"美"的标准和时尚的追求随着时代的变迁不断推陈出新，所以创新也就成为了时尚的另一个重要影响因素。人们对新鲜的事物充满好奇，创新成为时尚不断发展的动力。

一些学者认为，时尚是创造新风格并将其推向消费群体，最终被大众广泛接受的一种动态的社会过程。这一定义概括了时尚的形成过程，是对时尚的动态化理解。也有学者认为，时尚即是在某一特定时期被人们广泛认同的风格或款式。这包含了时尚的两个特性：特定时期和广泛认同。此外，不断演变也是时尚的重要特征。由此可见，在特定时期人类社会对于某一种"美"产生的广泛认同感即是那个时期的"时尚"。

人们对世事的认知总是在不断变化的。政府的更替，宗教的影响，经济的发展等各种各样的社会因素都影响着人们对时尚的见解。随着不断变化的时代背景和社会环境，人们对于事物的看法也产生了根本性的变化。时尚就是在这样不断的变化中被人们所追逐和模仿，所以只有顺应时代发展的时尚才能为人们所接受。由此可见，不断创新和变化对于时尚的重要性不言而喻，时尚与创新密不可分。创新成就时尚，时尚引领创新。

时尚的定义有广义和狭义之分，从广义上来说，代表着人类当时流行的生活方式、生活态度的任何事物都是时尚，包括实体或非实体的，如时尚的款式、发型、想法、行为等。时尚的本质是创新，求新是人类的特质，是人类进步的动力，是人类主动而不是被动的积极进化的动因，它区别于动物被动的"物竞天择，适者生存"。

自时尚诞生、发展至今，时尚产业的范畴逐渐形成，人们对时尚产业有了更为具象的认识，从时尚经济的角度看，可以给出更具针对性的狭义的时尚定义。

从狭义上来说，在某一特定时期，某设计或设计细节的组合被人们接受并且作为定式，则成为风格或款式，某种设计风格或款式被人们接受并传播流行，则成为时尚。这一定义通常针对的是时尚产品和服务，如服饰、首饰、包袋、化妆和美发等。

二、时尚产品

时尚产品是以人为穿着或携带为载体，以视觉为主要的感知和体验途径，能给消费者带来功能效用、物质享受、精神愉悦、意向体验和价值实现的产品。时尚产品包括服装、珠宝、腕表、化妆品、包袋等。时尚产品是人的文化和价值观的体现，是一种较高层次的生活方式，亦是一种个性的表征与载体。

时尚产品可以是实体产品，如服装、珠宝等，同时也可以是非实体的美发、造型设计等服务。时尚产品除了产品本身的基本功能（例如服装用来保暖，太阳镜用来遮挡刺眼的阳光）外，还可以与时尚相结合，体现在其精神效用上。通过对产品的款式设计、材料选择等来体现出产品的个性化与时尚性。

选择不同款式风格的时尚产品可以反映出一个人的品位、性格、生活方式等。也可以说，人们不同的性格、价值观、生活方式影响着对时尚不同的判断。目前，消费者对时尚产品的选择多样化程度不断升高，这种多样化驱动时尚产品的差异化和多元化的形成。因此，时尚产品更多被用以反映文化传统、价值标准、社会地位、生活形态和情感等。

三、时尚产品按照流行性的分类

需要注意的是，时尚产品与时髦产品或流行产品是完全不同的概念。我们在讨论时尚产业的时尚产品时，可以通过时尚的程度和时尚产品的属性将时尚产品进行分类。时尚按照程度可以分为：潮流时尚（fad）、时尚流行（fashion）、经典时尚（classic）；时尚产品可以分为：时尚品（high fashion）、基本时尚品（basic fashion）、基本品（basic items）。时尚产品的属性同样对分类十分重要。例如，服装属于时尚产品，但服装拥有各式各样的款式和风格，有的受到人们的追捧，成为流行产品，而有的样式却可能是古典甚至保守的。能成为流行产品的是最前端的一部分，大多数服装产品并不是最流行的。可以说，时尚产品不一定是流行的，也不一定是时髦的，更不一定是奢侈品，时尚产品有不同档次、不同定位和不同的目标顾客。

第二节
时尚产业与时尚经济

一、时尚产业

时尚产业是文化创意产业的一个重要的分支。时尚产业通常是指运营时尚产品以及相关产品或服务的产业部门的总称，是从事时尚产品的创意设计、制造加工、营销、传播、流通等活动的产业组织与个人的集合。区别于传统的制造业（如服装制造业），时尚产业涵盖时尚产品的多个部门产业，也涵盖了时尚产品的各条价值链。

时尚产业是一种都市产业，其形成和发展依靠的条件是以都市经济提供的环境为基础，文化创意为核心创造力。同时，在时尚产业的发展过程中离不开媒体、金融资本、市场、教育以及展示等相关城市资源的支持和融合。时尚产业的产生和发展与都市存在着密切的关系。时尚产业推动传统制造业的进步，其创新的本质不断为其他相关产业带来发展的空间和活力。生产力是时尚产业的基础与重要支柱，但时尚产业不仅限于此。

二、时尚产业的体系与结构

时尚产业链十分复杂，优化时尚产业链极具挑战性。具体而言，时尚产业体系由相关产业、核心产业及支持产业所构成，其中核心产业主要包括时装、首饰、鞋、包袋、皮具、眼镜、化妆品及美发、妆容等，如表1-1所示。时尚产业体系还可以分为纵向体系、水平体系及运营体系。时尚产业的纵向体系按时尚产业的价值链划分，包括设计、生产、制造、批发、零售；时尚产业的水平体系按时尚产业的商品链划分，包括时装、首饰、包袋、皮具等；时尚产业的运营体系按品牌划分，例如设计师品牌、制造商品牌、零售商品牌、虚拟品牌等。

加工制造产业和零售贸易产业对时尚产业固然非常重要，但时尚产业并不是前两者的简单加总求和。时尚产业是一个结合了营销、技术和艺术的综合性产业，为消费者带来除使用价值以外的时尚价值、时尚品位和时尚体验。

表 1-1 时尚产业体系

相关产业	核心产业	支持产业
纱线、面料	时装	时尚媒体
皮革	首饰	时尚摄影
珠宝	鞋	包装印刷
家纺	包袋	出版
建筑	皮具	通信
汽车	眼镜	网络
体育	化妆品	贸易批发零售
手机	伞具	咨询策划
动漫	美发	广告推广
时尚教育	妆容	贸易展会
	婚纱	金融服务
		服装机械
		模特演艺

资料来源：顾庆良.时尚产业导论 [M].上海：上海人民出版社，2010.

三、时尚产业的重要性

文化创意在国家及城市的经济发展中占据着越来越重要的地位，这一发展趋势受到世界各个国家的重点关注，成为国家综合竞争力的一个新视角与新领域。同时，时尚产业日趋全球化，不再是某一国家内部的产业，不同国家与地区的不同专业人员在各自不同的产业部门，在从原材料到最终商品的不同产业链环节，例如设计、缝制、装配、销售等各个环节，协同工作，这种全球生产网络正在不断增长和扩大。互联网时代下时尚的传播速度之快，生命周期之短，创新节奏之猛烈，均显示着人们对时尚行业和时尚产品的创造力和想象力。创意与各国各地的文化相互交融与结合，进而创新出新的时尚产品。时尚行业欣欣向荣，时尚经济不断发展，为全球的经济和社会发展不断注入活力，折射出世界的丰富多样性和人类的伟大智慧。时尚产业为经济发展带来了市场与商业增长动力，产业转型和经济升级的机遇，为社会转型升级提供更大的发展空间和潜力。

再者，当今国与国之间的竞争不仅是经济实力、科技实力、国防实力等方面的竞争，更是文化实力、创新实力等软实力方面的竞争。诸如法、英、美、意等西方时尚文化发达国家，采用科技与市场化相结合的运作方式作为竞争优势，将本国的时尚产业市场延伸到全球范围的各个角落，通过这一方式，获得时尚领域中包括服装、珠宝等在内的丰厚经济利润，与此同时也扩大了其文化在全球的影响力，进而占据世界经济、文化的制高点。由此看来，时尚产业的发展与壮大已经成为发达国家城市经济增长与财富积累的重要途径之一。

伴随着经济与文化产业的不断进步与发展，时尚产业的地位将会越来越重要，逐渐成为各个国家及地区经济发展的重要产业之一。时尚产业的发展能够显著提高区域综合竞争能力，时尚产业的市场表现为争夺与反争夺、进入与反进入、合作与反合作、整合与反整合。例如，发达国家与发展中国家，南半球的国家和北半球的国家，中国发达的东部地区与欠发达的中西部地区，时尚产业发展的非均衡态势呈现出被进一步拉大的趋势，全球范围内时尚产业发展的"圈地运动"局面已逐渐形成。

四、时尚经济

在如今这个全球化与科技化的背景下，人们对于时尚的理解更加自由。如今的时尚融合了不同民族、宗教、国家、地域的文化，设计师们从多元的文化中寻找灵感和创意，用于设计产品中，推陈出新，成功营销时尚产品。新的技术、材质、工艺为时尚发展提供了物质基础，推进了时尚的产业化。互联网电子商务的高速发展与进步为时尚与时尚消费者之间搭建了一座桥梁。目前，文化创意的重要性不断地被提及。文化的延伸驱动创意产业的发展，进而驱动时尚产业和时尚经济的发展。我们已经逐渐步入了时尚经济时代。

制造业是时尚产业的重要组成部分，但时尚产业不仅仅是制造业。如今的时尚产业已经融入各个经济部门和社会阶层，不再是几个产业部门的简单加总。时尚产业作为纽带，联结着其他的经济产业，逐渐融入到人们的价值体系、文化内核、精神理念之中，通过与区域文化的结合，发展成为国家或地区的符号。例如世界五大时尚之都的法国巴黎、意大利米兰、英国伦敦、美国纽约、日本东京均是文化与区域经济融合的最佳案例。时尚的发展推动了所涉及区域内产业经济的高速发展，时尚产业在经济中扮演着越来越重要的角色，时尚产业带动了时尚经济的发展。

时尚经济，简单地说就是与时尚产业相关的一系列经济活动和经济形态的综合体，是一种特定的经济形式，它以时尚创意为主要特质，以时尚产业为内在核心，以时尚文化为社会经济内涵，以时尚智力和时尚知识为纽带，联结与整合人力资本、物质资本、精神资本，进而构成新的社会体系，带动文化和经济、物质文明和精神文明的发展。

时尚文化是时尚经济的重要范畴，时尚经济不再局限于时尚产业及其经济活动，还包含了时尚文化所引导的创意知识和智力资本。时尚文化已渗透到人们日常生活的方方面面。时尚文化的发展促使人们的生活方式发生转变，为社会经济提供了新的发展创意的能量、动力和空间。

由此可见，时尚对社会宏观和微观经济的影响无处不在，其贯穿于整个社会经济的生产、流通、分配、交换等环节之中。只有将时尚与社会经济的各环节有机结合，才能推动时尚经济持续、快速、健康地发展。时尚产业所带来的经济增长和效益并不仅仅是通过 GDP 等一些常规的经济指标进行量化的，因为时尚经济带来的是一个国家或一个地区经济的结构性的创新和改变，其实际影响能力不可低估。

五、都市时尚经济生态体系

都市时尚经济生态体系以都市时尚文化为灵魂核心，以宽容、自由、创新、灵动为都市时尚精神，包括时装、首饰、钟表、化妆品、鞋帽等都市时尚产业在内，以都市的金融中心、购物中心、贸易中心、展示中心、物流中心作为都市时尚经济的环境基础，以都市的社会资本、知识资本、物质资本、智力资本和社会调节能力作为都市时尚经济的社会基础（如图 1-1 所示）。

第三节
时尚之都

一、时尚之都概念的内涵

所谓"时尚之都"，或称"时尚中心城市"，是指在时尚领域具有相当影响力，引领国际时尚潮流的城市，是时尚在空间集聚的成果和表现形式。时尚之都不仅是时尚消费之都，还是集多种功能于一体的时尚流行的策源地，时尚文化的交汇点，时尚扩散的枢纽区，时尚贸易的集聚区，时尚品牌的集散地，时尚活动的荟萃地。时尚对于都市的发展的重要性不言而喻。建设时尚之都已成为众多城市发展的目标。例如：在"十三五"规划中国务院明确提出了把上海建成一座世界知名的时尚中心的目标。

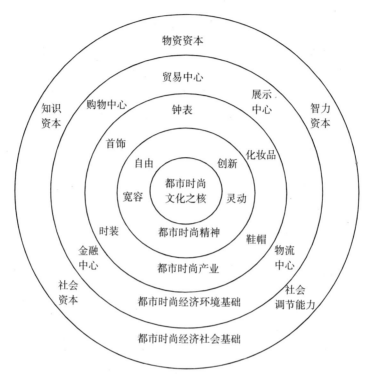

图 1-1 都市时尚经济生态体系

资料来源：顾庆良.时尚产业导论［M］.上海：上海人民出版社，2010.

时尚之都不是单纯地依照城市经济学理论对城市进行划分而形成的门类分支，而是主流时尚媒体、社会大众对该地区时尚产业的产值和影响力进行综合判断而形成的一种主观创新的约定俗成的称谓，是伴随时尚经济规模扩张而逐步涌现的。图 1-2 展示了时尚之都形成的大致时间。最早成为时尚之都的是意大利米兰，其次是法国巴黎和英国伦敦。在第二次世界大战之后，美国的经济日渐发达，逐渐成为了世界的经济中心。而纽约作为美国的经济中心，自然而然地聚集了当时众多的有识之士。再加上当时纽约政府对时尚产业的重视，纽约成为了新的世界时尚之都。在 20 世纪 70 年代，日本东京成为了新的时尚中心。它是目前亚洲唯一的被世界公认的时尚之都。至此，世界著名的五大时尚之都已形成（五

米兰	巴黎	伦敦	纽约	东京
11 世纪	17 世纪	18~19 世纪	"二战"之后	20 世纪 70 年代

图 1-2 时尚之都形成时间

大时尚之都的具体情况将在第三章进行阐述）。那么，下一个时尚之都在哪里呢？

二、时尚之都与国际大都市的功能演化

纵观国际大都市的现代化发展进程，时尚是国际大都市不可或缺的内涵和标志之一，它反映了一个都市的综合竞争力。各类时尚符号现已成为国际大都市的象征，时尚产业日益成为国际大都市社会生活和经济生活的重要组成部分。时尚产业是都市产业的创新和延续，其主要形式及生存条件依赖于媒体会展、专业服务等都市资源，是都市经济发展、走向成熟的象征，因此打造时尚之都是时尚产业发展的必然要义。

1. 国际大都市孕育时尚之都

巴黎、米兰、伦敦、纽约和东京等国际大都市因为具有经济水平、城市规模和文化底蕴等要素的支撑，逐渐成为了世界时尚发源之地和传承之地。

时尚之都的发展需要国际大都市的经济基础来支撑。时尚之都的兴起和时尚产业的发展与该城市的经济发展水平密切相关。国际时尚之都首先出现在发达国家和地区，无论全球性还是区域性的时尚中心，无一例外地形成于经济发达、文化繁荣、政治自由的国际化大都市。如18世纪末期的工业革命大大推动了英国等资本主义国家的经济发展，巴黎和伦敦的时尚产业随之迅速发展；同样，正是美国20世纪初经济的快速发展和日本第二次世界大战后的经济腾飞，才使得纽约和东京发展为世界时尚之都。

国际大都市居民较高的消费能力和鉴赏水平，为时尚消费的发展提供了有力的基础。从消费需求来看，当城市人均 GDP 达到 5000 美元以上时，消费结构会持续升级，享受型、娱乐型等高端消费形态开始萌生。当经济发展到一定阶段时，就可以为从依靠资金与劳动力等生产要素的经济发展转向以设计、信息和贸易为特征的时尚产业提供契机。

时尚之都的发展离不开国际大都市的国际地位。时尚发言权反映了一个城市在国际时尚界的地位和领导力。时尚之都最接近时尚生活的前沿，是各类时尚信息的汇集地和全球时尚信息的发散地。国际大都市凭借其国际性地位，吸纳各种新思想、新事物、新现象，实现信息流、物流、人流、资金流、贸易流等往来的迅速化和瞬时化，促进国际展览中心的发展和壮大，打造诸如时装发布会、时装周、时装博览会、时装展示会等时尚活动。吸引国际名流会集，获得全球时尚人士的聚焦，从而为时尚产业的发展提供良好的契机。一个城市只有通过兼容并蓄

世界时尚精华和本土文化风情来提升时尚产业发展的水平和档次，才能主导国际时尚的发展潮流，其时尚中心地位才能被认可。

时尚之都的发展需要深厚的文化底蕴的支撑，国际大都市深远的城市历史即是时尚之都发展的最好土壤。时尚是吸收传统融入创新后所创造的一种新流行，城市的时尚个性是国际之都的另一个名称。国际大都市通常具有深厚的文化积淀，这为发展时尚产业提供了重要保障。比如：米兰时尚兴起于 11 世纪，随着意大利文艺复兴的蓬勃发展，至 16 世纪以米兰为代表的意大利设计师成为欧洲风尚的弄潮儿。纵观全球五大时尚之都的演进历程，在不尽相似的历史文化背景影响下，诠释了不同的时尚风格：巴黎的繁华与浪漫，米兰的古典与平和，纽约的休闲与自然，伦敦的前卫与创新，东京的多变与活力。这些国际大都市的标志性风格成为了城市之魂。所以时尚之都均具有自己鲜明的特点，它是与一个城市的文化相结合而形成的产物。

2. 时尚之都强化国际大都市地位

现如今，时尚符号正日益成为国际大都市的标志和象征，时尚产品往往起始于国际时尚之都，对城市品牌影响力的扩展发挥了极其重要的作用，时尚之都的形成对巩固大都市的国际地位也意义非凡。

时尚之都的发展凸显国际大都市的城市品牌。时尚产业的发展需要有发达的商业文明，以及理性有品位的专业人才队伍与之相配套，从而将文化、物质、情感等资源要素有效整合，形成有利于产生产业聚集效应和辐射效应的环境，推动会展、文化、旅游等服务产业发展，进而提升国际化大都市的城市品牌影响力。各类国际性时尚活动的举办也会进一步强化国际大都市的品牌效应，哪个城市如果在高级别的时尚活动中大放异彩，就意味着将受到全球人民的关注，成为国际时尚界的主导。

时尚之都的发展提升国际大都市的软实力。文化是城市软实力的重要组成部分，现已成为后现代城市的象征符号。由于时尚的群体效应，不同城市以及同一城市的不同人群均具有属于自己的时尚，进而使时尚成为城市和群体的符号表征。较为发达的时尚产业和极具特性的时尚文化，已经成为国际大都市城市文明的有机组成和外显特征，铸就了城市的强大文化软实力，并吸引着全世界人们的关注和向往，而这又进一步巩固了其国际大都市的地位。

时尚之都的发展促进国际大都市产业结构的优化升级。时尚产业的兴起，为推动国际大都市产业结构的升级转型、实现产业的创新发挥了重要作用。作为制造型"实体产业"和智力型"新型产业"相结合的时尚产业，大力发展时尚产业有利于推动从低附加值的制造工业城市到高附加值的创意时尚城市的经济结构调整与转变。随着时尚产业的发展、科技的不断创新，还将不断涌现新的商业模式和运营方式，进而以不断创新与融合在国际大都市的经济发展中发挥重要作用。例如意大利米兰的时尚产业带动了城市乃至整个国家的产业发展，其时尚中心的形成极大地提高了意大利作为服装制造国的地位，目前意大利时尚类企业每年创造的产值占到意大利 GDP 总和的 11%。

三、国际时尚之都的发展趋势

（1）快时尚成为时尚之都新的竞争方式。快时尚本是对服装秀场各种时装设计快速反馈与模仿的一种做法，到 20 世纪末 21 世纪初，发展成一种较为成熟的市场模式。近年来，快时尚已成为时尚产业新的发展动向，企业通过限量生产，快速翻新产品，时刻紧随流行时尚，激起了消费者的好奇和兴趣。知名咨询公司贝恩咨询的研究报告指出，目前，很多国家的零售市场已经过度饱和，面临超市和网络零售商与日俱增的压力，能够不断提供限量新潮的时装，将成为零售商最易吸引顾客光临的方式之一。

另外，快时尚根据市场的实际需求，设计生产出与高端大牌时装款式相似的服装产品，以低廉的价格送到消费者手中，满足了消费者的心理需求。它是被当代服装零售商普遍认可的服装销售模式之一，这种服装零售模式通常是将每年春、夏、秋、冬各个季节国际时装周上展示的最新时尚潮流时装以最快的速度重新设计与制造，并以相对低廉的价格把这些包含着最新流行元素的时装销售给消费者，从而获得利益。

（2）互联网技术成为时尚之都新的竞争手段。互联网改变了时尚都市的资源配置和传播方式。21 世纪互联网成为时尚产业的新战场。信息技术在时尚业的广泛应用，使得时尚之都可在更为广泛的空间内进行生产环节的调配。同时，互联网还可以通过改变时尚企业的商业经营方式，显著提升城市在时尚领域的竞争实力。如一些时尚集团利用高科技仪器与互联网对接，在商店更衣室里安装通过红外线技术在不接触人体的情况下测量消费者人体尺寸的三维人体扫描器，产生数字化数据，并可将数据保存输送到服装生产线进行快速的个性化生产。这种利用互联网的个性化定制拓展了时尚产业的服务范围，通过数据的获取分析精确地了解消费者的需求，为企业带来更大的收益。

（3）"低碳时尚"正成为时尚之都新的聚焦点。能源短缺、气候变化和生态破坏等一系列环境问题，使得"低碳"成为了当今全球最炙手可热的关键词。国际时尚界当仁不让参与其中，争先占领这块前沿阵地。近期举行的各大国际时装周纷纷打着"低碳时尚"的口号，从用回收的废旧纸制品和塑料瓶制成大受欢迎的时尚鞋包，到玉米纤维、牛奶纤维等具有"绿色环保"概念的新型有机纤维的运用，再到 2010 年上海世博会中各国竞相展出的低碳生活解决方案，都可以看到，在某种意义上，低碳环保已成为时尚发展的最新趋势以及国际时尚都市品牌营销的重要手段。

第四节
中国时尚之都

一、中国时尚之都发展现状

自 20 世纪以来，中国的城市化发展迅速，中国时尚产业也在高速发展中完成了产业融合和升级的过程。归根结底，时尚行业的发展源于各地区城市化进程的加速、产业的调整以及消费能力的提升。服装、珠宝、电子数码、时尚传媒等时尚产业呈现出高速增长的态势，其巨大的发展潜力不容忽视。时尚行业也已融合各个相关分支行业。时尚行业是文化创意产业的重要组成部分，是经济增长的新引擎、新动力。以北京、上海、广州、深圳、杭州等城市为代表的国内大都市，倚靠其强有力的产业基础、人才储备、消费能力、文化底蕴等优势，结合各自城市特点，正在积极地大力发展时尚产业。

北京、上海、广州、杭州、深圳等城市凭借强大的经济实力、城市文化、产业基础，利用高端平台的有效支持，已经走在了中国时尚产业发展的前端。通过对个体城市的研究探查可以发现，由于各城市之间地理位置、经济水平、文化特色以及相关政策的不同和差异，各城市在大力发展时尚产业方面趋向差异化。北京、上海、广州、深圳力图打造全国性的时尚都市，其中北京与上海更是具有发展成为国际时尚大都市的优越条件与潜力。北京和上海政府已出台多项促进时尚行业大力发展的优惠政策，积极地朝着建成世界级的时尚之都这一方向不断努力。而类似深圳、杭州、大连这样的城市，则侧重于打造区域性的时尚都市。也有城市开辟了"专业化"时尚产业的发展，如皮革城海宁、珍珠之都诸暨等。各城市在发展时尚产业的道路上根据自身的发展优势，形成极具个体特色的时尚城市。图1-3分析总结了中国时尚之都的结构特点，中国时尚之都可分为国际化时尚都市、全国性时尚都市、区域性时尚都市、专业性时尚都市。四类时尚之都面对的消费者完全不同，在城市中起到的引领时尚和促进城市发展的作用也不尽相同。以下我们将简单介绍一些中国的时尚城市。

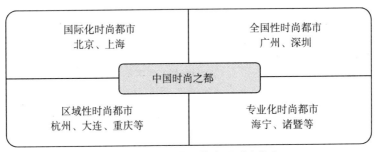

图1-3 差异化发展的中国时尚都市

1. 北京——趋向高端的时尚产业发展

作为全国的政治和文化中心，北京定位于高端化的时尚产业，已经发展形成了多方面的优势。以中国国际时尚周为代表的各大时尚活动为北京时尚产业发展构建了强有力的高端平台优势。这些时尚活动每年吸引了来自全国各地的众多时装设计师、时尚品牌及企业汇聚北京。北京先天的媒体优势带来的传播效果在这一过程中也起到重要的作用，包括国家广播、电视、互联网等，使得北京的时尚影响力不断增大。同时，北京艺术类院校为北京时尚产业的发展提供了丰富的人才基础。目前，北京的时尚产业已经具有了一定的规模和品牌优势，高级定制在北京的政治经济环境下也得到了大力的发展。众多高级定制品牌借助北京的政治机会名声大噪。例如，第一夫人彭丽媛出访国外时所穿着的北京高级定制品牌的衣服，受到了国内外媒体的极大关注，也使该品牌声名鹊起。

2. 上海——海派文化引导的时尚之都

上海是目前中国当之无愧的经济中心，是当前中国经济最活跃的城市之一。位于长江三角洲的上海具有发展时尚产业极佳的地理优势和气候优势，高度的国际化也为上海打造国际时尚之都创造了条件。上海具有发展时尚产业所必需的纺织工业和精密制造工业，为时尚产业的发展提供了强有力的基础生产力量。从文化特色看，上海风尚和海派文化是全国知晓甚至享誉世界的城市品牌特色，具有极大的知名度和影响力。上海在建设时尚之都的进程中，突出"国际时尚与上海大都市紧密结合的独特性"，直面世界流行风尚和国际交流融合空间，更易于接受、吸纳国际时尚。这种中西文化的交融孕育出一种独特的时尚素材和时尚产业资源，体现出上海东西兼容、海纳百川的国际大都市风范。

3. 广州——发展"大众化"时尚产业

以广州流花服装商圈为代表的广州时尚产业，通过内外并重的销售策略大力发展平价时尚产品，以"大众化"为特色和主要发展方向。广州时尚产业的市场效应已经辐射到全国各地及欧洲、北美、南美、东南亚、中东、东非等地。其"大众化"时尚秉承时尚并非某一特定人群所特享的理念，优化时尚产业链，使得时尚产品在开发、设计、生产、经销以及资源等各环节的联系日趋紧密，产业链更具完整性。广州雄厚的时尚产业基础使得其在相关领域形成了明显的规模优势。从高第街服装市场发展出的一个巨大的几乎涵盖整个城市的流花服装商圈是广州服装业、时尚业发展的缩影。广州同时也注重相关人才的培养，其纺织、服装专业的教学居于国内领先地位。

4. 深圳——打造创意设计时尚都市

深圳着力于发展"设计之都"，充分利用城市的区位优势和体制优势，将发展成为在时尚设计领域具有优势的全国性时尚都市作为目标。作为改革开放的试验田，深圳较早建立了市场经济框架，且拥有毗邻香港的区位优势，注重加强深港合作，引进优秀创意人才和资金，形成了发展时尚之都的先决条件。时尚产业在深圳的发展吸引了来自全国各地的设计人才，在各类新兴文化产业发挥着重要作用。同时，深圳逐渐具备明显的平台优势：通过举办"创意十二月"、"创意设计日"，将创意设计渗透到每一个角落。并且，深圳积极承办和参加联合国教科文组织全球创意城市网络相关会议、活动。作为创意设计的典型代表城市，深圳在全国甚至全球的影响越来越大。

5. 区域性时尚都市

除了北上广这样的国际大都市外，杭州、大连这样的城市也在找寻自身的特点，发展成为区域性时尚城市。杭州提出了打造"中国女装之都"的战略，下决心塑造中国女装看杭州的城市品牌，杭州的女装得到了蓬勃发展。杭派女装有着独特的杭派风格，其品牌文化和形象都加入了区域性特征明显的江南文化和设计元素。杭派女装的代表品牌有"秋水伊人"、"江南布衣"等。大连则依靠"品牌战略"实现服装产业的发展。目前，大连的服装产业已具备品牌优势，在国内服装产业的每一个领域，都有"大连品牌"的领军，如"创世"男装、"思凡"女装、"桑扶兰"内衣等。

6. 专业化时尚都市

时尚产业在全国范围内兴起、发展的过程当中，有的城市结合自身的发展基础和自身优势，发展成为在某一领域具有突出成绩，依靠"专业化"实现时尚产业差异化发展的城市。以皮革闻名的海宁便是专业化时尚城市的典型案例。从零散的皮革销售开始，通过不断拓展市场，加快皮革产业的升级，海宁逐渐发展成为全国最具规模及影响力的皮革城市。被誉为中国珍珠之都的诸暨也是专业化时尚都市中不可忽视的一员。专业化时尚产业的发展方式使得诸暨成为国内珠宝首饰的重要基地。

二、时尚之都间的量化比较

时尚产业在不同城市由于地理位置、政治经济情况等原因有着不同的发展现状。诸如北京、上海这样的一线国际化大都市，经济实力强、开放程度高，时尚消费水平自然也就相对较高。如何去比较不同城市之间的时尚发展程度和各个城市之间的差异？各城市具有哪些方面的优势？回答上述问题对时尚产业的进一步发展有着重大的指导意义。

分析比较不同城市的时尚发展水平需要使用科学完善的量化方法进行测量，量化时尚是一项极具挑战的任务。本书通过研究，建立了一个全新的量化体系，以测量不同城市的时尚城市指数。

按照时尚产业特点，科学地选取二级指标，并依据指标性质划分三级指标，系统地分析影响城市时尚程度的主要因素，整合完善中国时尚城市指数指标体系。这里的时尚指数定义为衡量某个城市（或地区）时尚程度的综合因素指标，包括时尚传播指数、时尚消费指数、时尚品牌指数、时尚包容指数和时尚创新指数五个二级指标。为满足每项二级指标所要测评的内容，又进一步将这五项二级指标细分为21项三级指标，具体内容见图1-4。

本书将以北京、上海、广州为例进行系统的分析，通过比较三个城市的时尚城市指数来判断最具有发展国际时尚之都潜力的城市。

由于各个指标的单位量纲不同，所以需要先将各个指标所对应的数据进行无量纲化处理。这种方法的优点为测算值可以比较各城市综合发展的相对位次，亦可考察城市综合发展的历史进程。首先，整体比较北上广三个城市的时尚城市指

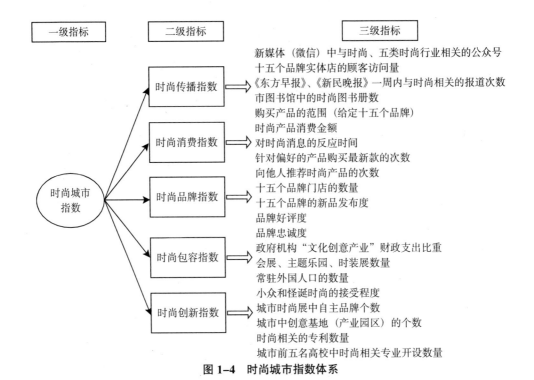

图 1-4 时尚城市指数体系

数。其次，为了对这一结果具有更深刻的认识和了解，进一步将三个城市的五个二级指标分别进行比较分析。对市民进行分类，分析各年龄段和不同性别在时尚态度方面的差异。最后，分析比较三个城市市民在时尚品牌熟识度和好感度上的差异。

首先梳理五个二级指标的得分。根据专家评估，赋予每项指标相应的权重，加权即可得到时尚城市指数。根据广泛的调研和对每个城市超过千份的数据采集，北上广时尚城市指数得分如图 1-5 所示。

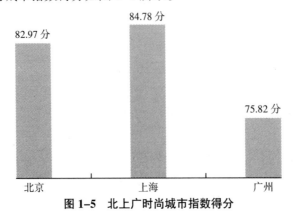

图 1-5 北上广时尚城市指数得分

从图 1-5 可知，上海的时尚城市指数得分最高，北京其次，广州的时尚城市指数在三个城市中得分最低。

从图 1-6 可知，上海的时尚创新指数、时尚消费指数和时尚包容指数的得分在三个城市中均排名最高，说明上海的时尚产品创造及再创造能力强，时尚产品具有更高的文化附加价值，上海市民对时尚产品跟进的反应更为及时、时尚产品购买意愿更强，且上海市政府和民众对时尚的包容性更强。广州时尚传播指数得分最高，说明广州的媒体对时尚的宣传力度较大，市民对宣传内容的接受程度在三个城市中也最强。北京时尚品牌指数得分最高，说明北京的时尚消费者更关注时尚品牌。可见，北上广三个城市在时尚指标方面具有显著性差异，总体而言，上海的时尚指标优势更为明显，广州的时尚指标仍有较大的提升潜力。

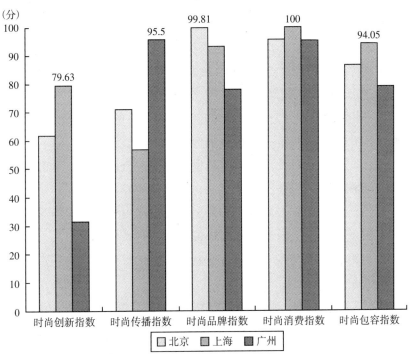

图 1-6　北上广时尚城市指数每个二级指标得分

三级指数的具体研究可参考时尚城市指数图中的具体项目，本书中不再逐一赘述，但将以品牌熟识度为例进行分析（见表 1-2）。

表 1-2　北上广品牌熟识度角度分析

时尚品牌品类	北京	上海	广州
服饰类 *	6.3630	6.6050	5.9330
汽车类 *	7.4980	7.5930	7.0730
腕表类 *	5.6980	5.8880	4.9220
珠宝类 *	6.3110	6.7320	5.8910
化妆品类 *	6.4290	6.8510	6.1310

注：类别名称上方标注"*"表示这个类别上北上广三个城市的品牌熟识度在5%的显著性水平下有显著性差异。

从表1-2可知，北京市民对汽车类品牌的熟识度最高，化妆品类其次，服饰类位居第三，珠宝类排名第四，腕表类的熟识度最低。上海市民品牌熟识度最高的类别是汽车类，其次是化妆品类，珠宝类排名第三，服饰类排名第四，腕表类的熟识度排在最后。广州市民对汽车类的熟识度排名第一，化妆品类位居第二，服饰类排名第三，珠宝类排名第四，腕表类排名最后。综观上述五类品牌，北上广三个城市的品牌熟识度在5%的显著性水平下均有显著性差异，上海的品牌熟识度最高，北京其次，广州最低。

从上述分析可知，在北上广三个城市当中，上海的时尚城市指数位居第一，北京其次，广州的时尚城市指数得分最低，即上海最为时尚。这与上海具备兼容并蓄的海派文化特质以及可容纳来自世界各地、全国各地、上海本地的时尚消费人群密切相关。政府在积极推动文化创意产业发展的同时，举办上海国际时装周等时尚活动，提升上海时尚知名度。大批国内外著名时尚品牌企业、著名设计师会聚上海，给上海源源不断地带来新的时尚爆发点。在未来，政府及相关部门需更为深刻地关注时尚城市的发展，强化时尚经济为城市发展所带来的动能和势能。

上海的时尚创新指数、时尚消费指数和时尚包容指数的得分均最高，说明上海的时尚创造能力强，时尚产品具有更高的文化附加价值，上海市民对时尚产品跟进的反应更为及时，时尚产品的购买力更强，且相对来说上海市民和政府对时尚的包容性更强。针对各个城市之间时尚经济文化差异，在城市发展阶段进行有针对性的城市建设和时尚文化包围，具有深刻意义和现实价值。

在北上广三个城市中，上海的时尚指数最高。不过上海市的媒体还应加大对时尚的宣传力度，上海时尚企业还需开创更吸引消费者的时尚品牌，提高时尚传播指数和时尚品牌指数，让上海的时尚城市指数再上一个新台阶。其他城市也应向上海看齐，提高各市的时尚产品创造及再创造能力，使时尚产品具有更高的文化附加价值，提高市民对时尚产品的购买力，增强各政府部门和市民对时尚的包容性。

在各类别品牌熟识度的排名方面，上海在这三个城市中均表现最高，北京其次，广州最低。且在服饰类和化妆品类上，上海市民对时尚品牌的熟识度均高于北京和广州。在这一基础上，政府应大力鼓励时尚品牌建设，为时尚企业提供更为宽广的品牌建设平台，鼓励时尚企业创新创业，进而拉动整个产业的升级，打造自主时尚品牌，不断推动和发展时尚产业，提高国家竞争力，激发国家新活力。

由此可见，上海时尚之都的建设与发展在中国时尚产业的发展道路上扮演着至关重要的角色。如何将上海打造成为国际时尚之都？上海时尚之都的建设发展又该如何进行？在下面的章节中，本书将对上海自身时尚产业的发展现状进行分析，结合国际五大时尚之都各自的特点，分析上海在建设时尚之都道路上的不足之处，寻求解决方案。

第二章
上海时尚产业的发展

　　纵观世界时尚产业的发展史，时尚产业的发展可以带动城市经济快速提升，时尚已经成为国际大都市不可或缺的重要标志。时尚产业作为传统产业与新兴产业相结合的产物，日益成为促进国际大都市产业升级的重要因素。而时尚之都的发展也正是通过对时尚产业链的整合来实现的，时尚之都的打造不但能够加强城市在世界经济、文化、贸易领域的地位，也能够积极地推动城市经济发展的转型，实现向高端制造业和高端服务业的跨越。

　　上海作为中国最早的工业城市，具有发展时尚产业必备的轻纺产业基础和精密制造工业基础，与此同时，上海拥有与时尚产业相关的一系列产业。因此，对上海而言，打造时尚之都不仅是上海实现经济发展转型升级的必然要求，也是上海提升国际竞争力和形象的重要举措。

　　随着上海经济高速发展所带来的一系列问题，上海将发展的重点由传统轻纺产业转向新型文化创意产业领域，同时帮助上海的时尚产业实现由"制造"到"智造"以及"创造"的转变。文化内涵和创新是发展时尚产业的灵魂，近几年，随着新一轮产业结构调整的进一步升级，上海大力发展创意产业，形成和建立了一批特色鲜明，且具有一定规模和集聚效应的创意产业园区；与此同时，上海本土品牌也突出重围，成为具有中国特色和上海特色的时尚标志；许多国内设计师也纷纷将上海作为展示作品和打造品牌的平台。至此，上海的时尚行业已吸引了许多时尚人才，并且打造了许多时尚产业链中的优秀企业。

第一节
上海时尚产业的发展概况

早在 20 世纪 20~30 年代，上海就被称为"远东明珠"和"东方巴黎"，与当时的纽约、伦敦和巴黎齐名。上海时尚产业的快速发展，与其深远的历史积淀和社会文化背景密切相关。然而，由于历史、经济、文化、政治等外在因素，中华人民共和国成立以来，上海并没有在时尚行业进行重点投资和扶持。而社会主义体制下的国有制时尚企业也无法激发时尚创新的动力。

上海有着得天独厚的地理区位优势，位于长江三角洲，面向出海口，背靠广阔的内陆资源。上海作为远东最大的金融、航运和贸易中心以及人力、文化、信息、资源和资本的交汇中心，为其时尚产业的发展提供了坚实的物质基础和社会条件。图 2-1 展示了上海时尚产业发展的四个阶段。接下来我们将对这四个阶段进行逐一论述。

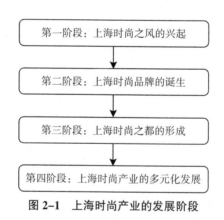

图 2-1　上海时尚产业的发展阶段

一、第一阶段：上海时尚之风的兴起

高度发达的工商业城市为上海时尚之风的兴起与发展提供了重要的市场基础和物质保障。19 世纪中叶，不断有外商在上海开办工厂，并先后对棉纺织、日用轻工业、印刷、烟草、食品、造船工业和公用事业等产业进行投资，发展纺织、机械制造、化学和日用品工业等。上海自 1843 年 11 月 17 日开埠以来，就开始了生丝对外贸易。1861 年，英商怡和洋行在沪开设的纺丝局建成开工，为外商在华开设的第一家缫丝厂。1889 年，上海机器织布局建成，开创了中国近代棉纺织工业的新纪元。而从时尚文化来说，1920 年起上海就引领了全国的潮流。特别是 20 世纪初，外商和侨资在南京路上开设了多家具有影响力的大公司，使上海从小杂货铺一下子跨入了环球百货商业的行列，奠定了南京路"购物天堂"的基础，并对近代上海的西方式消费产生了极大的影响。到 20 世纪 30 年代，上海成为全国最重要的工商业城市。

20 世纪 30 年代，上海处于经济、金融、贸易最为繁荣稳定的历史时期。传统的旗袍被加入西式风格，很快便从上海风靡到全国各地；上流社会名媛淑女追赶时髦、享受奢华的生活，当时的人们受到西方思潮的影响，在审美和品位上都发生了巨大的变化；穿西装、烫发、跳交谊舞等西方生活方式在上海开埠之初就伴随侨民进入上海。当时的上海，经济繁荣，人们求新变异，外来文化的输入和本地文化的繁荣都对上海时尚之风的兴起和发展产生了重要的影响。

二、第二阶段：上海时尚品牌的诞生

上海在很长一段时间内都是中国商标产品的基地和中国的名牌之都。这既说明了当时上海强大的经济实力，同时也是海派文化沉淀的结果。20 世纪二三十年代，随着中国民族工业的发展和时尚之风的兴起，上海企业逐渐孕育出了一批历史悠久、扬名内外的品牌。这一时期，上海商标有两个显著的特点：其一，上海商标达到历史之最，使其成为中国民族工业的发祥地和中国近代商标的发源地；其二，上海商标产品的品牌知名度达到历史之最，涌现了大批优秀的商标产品。

改革开放前的 30 年，上海一直是全国工商业的龙头，各行各业都涌现出大量享誉全国的著名名牌产品，当时的上海品牌就是优质、时尚的代名词，因此也确立了中国优质轻工产品发源地的形象。20 世纪七八十年代，上海企业通过技术革新、改造和严格的管理，创造出上海牌、飞跃牌、凤凰毛毯等一批新兴品牌，一度成为中国名牌产品的集聚地。

三、第三阶段：上海时尚之都的形成

时尚之都是以城市的文化底蕴为基石，以城市经济发展水平为基础，以时尚品牌为支撑，呈波浪式发展。上海轻工纺织业有着悠久的历史，涉及衣食住行用各个产业门类和消费领域。在新中国成立后的几十年中，上海的纺织业为国家贡献了巨大的产值，对出口、利税以及就业产生了积极的影响。到 20 世纪 80 年代初，上海纺织业稳居上海支柱产业之首，达到最辉煌的时期。

20 世纪 80 年代，上海的服饰等生活时尚中，港台以及西方流行元素的影响逐渐加强。到 90 年代，随着国外和港台品牌的进入以及中外交流的日益频繁，上海人的生活形态和服饰逐渐与国际接轨。而在此过程中，上海人把独特的海派都市生活传统与国际多元化的生活方式融合在一起，形成了新海派生活，这也为后来上海时尚之都地位的确立奠定了基础。

上海时尚之都地位的确立，离不开上海的产品设计风格和以设计为依托的工商业。改革开放以后，上海的工商业经历了经济转型、体制变革，在 20 世纪 90 年代中后期，随着改革开放的实施，上海企业的地位面临新的挑战，但这也促使上海不断进步、不断接受外来文化，因此上海逐渐形成了中外品牌和本土企业共求发展的新格局，成为受到全世界瞩目的国际化大都市。

在圆满完成纺织新路径探索后，上海进一步推进时尚产业发展战略，努力将上海打造成为时尚大都市，并将时尚产业纳入上海市政府鼓励发展产业目录。为了使关于时尚产业的规划从政府到行业全面展开，上海市政府推出了一系列鼓励时尚产业发展的政策，力求将上海打造成为一座国际化的时尚大都市。

四、第四阶段：上海时尚产业的多元化发展

上海商业文明的繁荣和庞大的消费需求，使得上海成为亚太地区重要的时尚购物之都，消费驱动上海时尚业的发展。所以，上海时尚业以市场为导向，打造新型时尚购物空间，无疑成为上海发展时尚产业的重要方式。近些年，上海市政府推进时尚产业发展战略，将时尚产业纳入政府鼓励发展产业目录，关于时尚产业的新规划全面展开。上海市政府推出了一系列涉及鼓励时尚产业发展的政策，以积极推动上海时尚产业迅猛发展。首先，在国内知名服装企业和国际时尚机构、专家共同努力下成立了上海国际时尚联合会，并将上海打造成为世界第六大时尚之都作为重要工作内容。其次，建立各类时尚载体，以设计师为聚集，以行业服务和人才信息为支撑，以相关高等院校为依托打造时尚园区。最后，促进企业协调发展。鼓励各类形式的企业参与到时尚产业这一完全竞争性的领域中去，同时鼓励国际品牌进入上海，支持以都市工业园区的形式构建时尚产业。同时，政府通过创新创业孵化基地，为创业初期的时尚企业提供全方位的帮助，使其可以以较低的成本进入，并在政策上予以适当的优惠，以缓解其创业初期的负担和风险。

　　时尚产业是一种多元化、复合型的产业，涉及多个领域。所以，想要做大做强上海的时尚产业，必须以上海轻纺工业为基础，借助长三角发达的制造业，并结合其他时尚相关产业的支持和配合，突出上海的设计能力，围绕东方特色，建立国际知名的时尚品牌群，构造东方明珠之城。

第二节
上海发展时尚产业的基础条件

　　基于上一节所述，19 世纪中叶上海开埠之时，上海时尚产业便初现萌芽。20 世纪 20~30 年代，上海曾有"东方巴黎"的美誉。解放后基于国内较为完备的工业体系，上海成为中国服装名牌产品和优质轻工业产品的发源地。20 世纪 80 年代之后，广东和江浙地区的轻纺工业悄然崛起，上海逐步失去了其在轻纺工业中的主导地位。但自从 21 世纪以来，伴随着与时尚产业密不可分的各类文化、娱乐、休闲、体育、传媒、会展等设施陆续建成，前卫时尚、接轨国际等一系列节庆活动的举办，与国内其他城市相比，上海发展时尚产业仍具有良好的基础条件和后发优势。如图 2-2 所示，上海的城市发展基础包括地理优势、文化基础、经济水平、产业态势和政策导向五大方面。以下将对这五大方面对于上海时尚之都建设的发展进行阐述。

一、地理优势

　　如图 2-3 所示，从地理条件来看，上海具有发展时尚产业的地理优势。上海位于长江三角洲冲积平原，属亚热带湿润季风气候，四季分明，春秋较短，冬暖夏凉，是享受和展示服装与时尚的好地方。上海地处太平洋西岸，亚洲大陆东沿，长江三角洲前缘，东濒东海，南临杭州湾，西接江苏、浙江两省，北界长江入海口，长江与东海在此连接。上海正处于我国南北弧形海岸线中部，交通便利，腹地广阔，地理位置优越，是一个良好的江海港口。而且，上海一直是我国的服装贸易中心，集独特的信息流、商流、物流为一体，具有贸易、配送的地理优势，因此吸引了不少国内外的服装企业和贸易商社，成为会展、时装发布流行信息的交汇地。这些条件都为上海时尚产业的发展提供了良好的外部集约经营条件。上海处于我国中东部地区，交通便利，腹地广阔，地理位置优越，是一个良好的濒江濒海国际性港口。

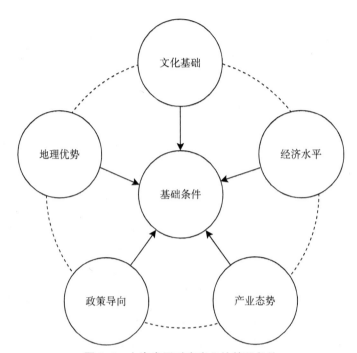

图 2-2　上海发展时尚产业的基础条件

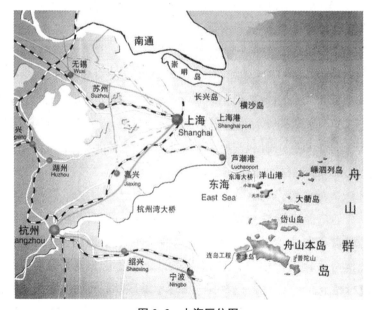

图 2-3　上海区位图

二、文化基础

上海兼容并蓄的文化特质，为其发展时尚产业奠定了基础。作为时尚中心，上海不仅有着深厚的文化底蕴，还以海纳百川、中西交融的海派文化著称。上海是一座融合东西方文化、有着悠久历史文化传统的现代大都市，其城市文化精神博大精深。上海一贯以一种开放的姿态来面对外来文明，无论是东方和西方的文化，还是传统和现代的文化，上海都可以并存共荣，因此在上海可以看到各国文化的交织碰撞，也可以看到明清以来形成的海派文化。上海的时尚产业是在中国江南传统文化的基础上，与开埠后传入的具有影响力的西方文化融合而逐步形成的，既古老又现代，既传统又时尚，区别于中国其他文化，具有开放而又自成一体的独特风格。这种兼容并蓄的特点形成了上海独特的文化：时尚，开放，超前，不同的价值观和消费观在这里交织，任何思潮都可以在这里找到一条发展之路。这种时尚文化的传承至今更在与海外交流的过程中接收移民所带来的优秀物质文明和精神文明，如不同宗教、民族、习俗、生活方式和价值观等，都使得上海具有很强的吸收外来文化和紧跟时尚潮流的意识。因此，独特的海派风格为上海的服饰文化营造了时尚氛围。

同时，上海也是一座历史文化名城，拥有众多全国重点文物保护单位和许多丰富的创意资源，上海现代化的文化设施也提升了上海的文化底蕴，促进了上海与外来文化的交流与融合。因此，在上海不仅可以感受到中华民族的传统文化，还可以欣赏到各种海外文化，这些都为上海海派文化的形成奠定了良好的基础，为上海时尚产业的发展营造了多元化的时尚氛围和人文环境。

三、经济水平

上海具有发展时尚产业的良好的市场基础和巨大潜力。从国际五大时尚之都的发展历程来看，发展时尚产业与城市的经济发展水平密切相关，而上海是我国经济发展水平最高的特大型城市，消费水平高，人均 GDP 也在不断增长，已达到世界中等国家/地区的收入水平。2014 年上海 GDP 总量居中国城市第一，亚洲城市第二。2016 年上半年，上海市居民消费价格指数稳步提高，较上年同期有所提高，相对于北京、广州等经济较发达地区，仍处于领先地位。2016 年上半年，上海市居民消费价格指数略高于广州市居民消费价格指数，显著高于北京市居民消费价格指数。

加之每年吸引来自世界各地的游客和精英群体集聚，使得上海成为国内目前最大和发展最快的时尚消费市场，在服装等方面的时尚消费能力在国内各省市中首屈一指（见图 2-4 和图 2-5）。

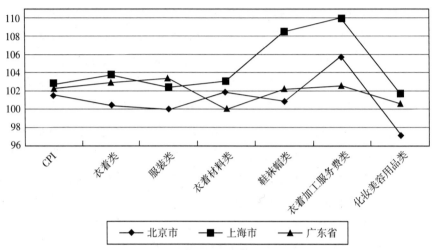

图 2-4　2014 年居民消费价格指数及分类指数（上年=100）

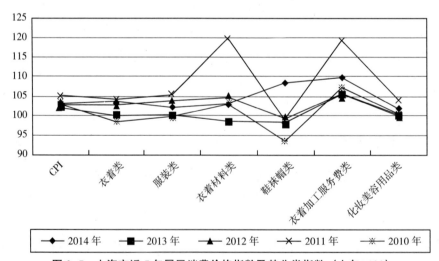

图 2-5　上海市近 5 年居民消费价格指数及其分类指数（上年=100）

资料来源：中华人民共和国国家统计局（http://www.stats.gov.cn/）；上海统计（http://www.stats-sh.gov.cn/）；广东统计信息网（http://www.gdstats.gov.cn/）；广州统计信息网（http://www.gzstats.gov.cn/tjgb/）。

四、产业态势

近代以来，上海一直是我国重要的经济中心城市，也曾是整个远东地区的金融贸易中心。新中国成立以来，上海逐渐发展成为全能型的经济中心城市，经济连续多年实现高速增长。2016年上海市GDP达到6225.39亿元，居全国首位。而随着市场经济的发展和科学技术的进步，上海的产业结构发生了巨大的转变。目前，上海文化创意产业对GDP的贡献开始进入稳定状态，越来越多的新型经济产业推动着上海的经济发展，第三产业逐渐成为推动上海经济发展的主力军。

2016年上半年，上海市生产总值完成12956.99亿元。其中，第一产业增加值37.53亿元，下降15.3%；第二产业增加值3743.94亿元，下降3.3%；第三产业增加值9175.70亿元，增长11.6%。第三产业增加值占全市生产总值的比重达到70.8%（见图2-6），同比提高3.7个百分点。可见，上海已经具备了时尚、创意产业快速发展的经济基础和产业条件。

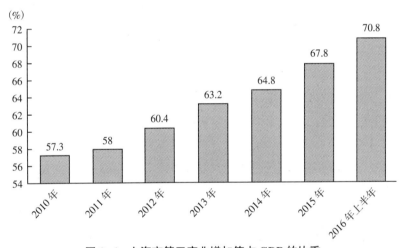

图2-6　上海市第三产业增加值占GDP的比重

资料来源：上海统计（http://www.stats-sh.gov.cn/）。

上海进入后工业化时代，新一轮技术革命带来了产业组织和分工体系的明显变化，人工智能、量子通信等新兴技术迅猛发展，制造业与服务业深度融合，新技术、新产业、新模式、新业态不断涌现。2016年5月底，上海市政府审议通过《上海市制造业转型升级"十三五"规划》，重点提出要推动制造业转型升级，突出"十三五"期间上海制造业必须以改革创新引领发展，改造提升传统动能，推动形成增长新亮点，在具体的产业中实现产业链融合发展。

五、政策导向

时尚产业作为都市型工业的重要组成部分，得到了上海市政府的重要支持，上海也因此具备了发展时尚产业的政策基础。近年来，上海市政府采取了一系列措施来鼓励时尚、设计产业的发展。

2005 年，上海市先后推出了《上海加速发展现代服务业实施纲要》和《关于上海加速发展现代服务业若干政策意见》来推动时尚产业的发展；2008 年，市经委、市宣委又推出《上海市加快创意产业发展的指导意见》和《上海市创意产业集聚区认定管理办法（试行）》来促进创意产业的发展；2008 年 9 月 17 日，上海市人民政府办公厅转发了市经委、市发展和改革委员会制定的《上海产业发展重点支持目录（2008）》；2010 年，上海加入联合国教科文组织"创意城市网络"，被授予"设计之都"称号；为进一步深化上海设计之都建设，上海市文化创意产业推进领导小组办公室根据《上海市国民经济和社会发展第十二个五年规划纲要》《上海市文化创意产业发展"十二五"规划》和《关于促进上海市创意设计业发展的若干意见》，制定了上海市设计之都建设三年行动计划。2016 年 3 月，上海市文化创意产业推进领导小组办公室发布了《上海市文化创意产业发展三年行动计划（2016~2018 年）》。该计划提出上海市文化创意产业的发展目标，围绕上海市文化创意产业领域十大行业，进一步明确发展重点，促进文化创意产业发展。"十三五"时期，上海应结合贯彻"互联网+"行动计划和"中国制造2025"战略，大力实施"五大战略"，力争实现"三大转变"。2016 年 7 月，上海市长宁区政府已经编制完成《长宁区产业发展指导目录（2016 版）》，重点突出长宁区的优势产业，如航空服务业、互联网＋生活性服务业、时尚创意产业等，并在该指导目录中提出了有关文化创意产业的具体内容，致力于加快向创新、时尚、绿色的国际城区迈进。

第三节
上海时尚产业发展的必要性

时尚产业的发展可以推动城市经济发展模式升级，促进城市经济结构的转变，比如，意大利米兰最初以纺织服装的设计和以成衣技术为主的轻工制造业作为支柱产业，随着米兰的时尚走向世界，其他与时尚相关的制造产业如服装、工艺品、家具、瓷砖、鞋、珠宝、玩具、皮革等都得以迅速发展，以旅游和设计为核心的服务业也得到发展，因此，米兰的经济逐步走向高技术、高附加值、高效率和多层次的发展模式。所以，发展时尚产业对上海乃至全国的经济建设和结构优化来说都具有不可忽视的作用。发展时尚产业是上海经济发展从低附加值的制造业到高附加值的文化创意产业的模式转型的必然要求，是上海培育新增长点的重要内容，是上海扩大内需的有效手段，也是上海提升城市国际形象和地位的重要举措。下面主要从国际、国内、区域和上海四个层面对上海时尚产业发展的必要性进行说明，如图 2-7 所示。

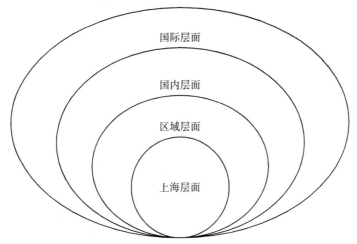

图 2-7　上海时尚产业发展的必要性

一、国际层面

时尚产业作为新兴的产业领域，是上海打造面向世界的高端产业的决胜产业。通过结合本土创意、中国品牌和上海时尚元素，丰富"中国加工"和"中国制造"的内涵，推动纺织、服装、钟表等传统制造产业从来料加工、贴牌生产向自主创新、自主设计和自主品牌转变，充分发挥上海城市资源的作用，提高上海的创新能力，打造优良的产业升级环境，使上海在经济全球化和信息化的背景下，更好地向国际先进制造业和现代服务业等高端产业靠拢，吸引外资引进和自身高端产业的优化升级，进而提高上海时尚产业的国际竞争力，适应国际发展的新趋势，使上海在全球时尚产业的竞争中占据有利地位。所以，发展时尚产业是上海提高国际竞争力和塑造城市功能的重要举措之一。

二、国内层面

改革开放以来，我国经济水平和国际地位显著提高，随着国家"两税合一"政策的出台，上海的政策优势逐渐丧失，上海曾依靠政府提供的优惠政策吸引外资、发展产业的形式已成为过去。在国家提倡节能减排、建立资源节约型、环境友好型城市的大环境下，上海要尽快转变经济发展方式，通过不断追求创新，优化经济发展模式，发展新兴产业来加快产业转型。

"十三五"规划纲要强调，创新是引领发展的第一动力，必须摆在国家发展全局的核心位置，深入实施创新驱动发展战略。持续推动大众创业、万众创新，促进大数据、云计算、物联网的广泛应用。为了弥补上海市在创新方面的"短板"，上海主要考虑从体制机制入手，聚焦创新主体的动力、创业资本的活力、创新政策环境等方面，进一步深化改革，推动形成大众创业、万众创新的氛围和环境。同时，"十三五"规划纲要已正式将智能制造作为未来中国制造转型的主攻方向，提出实施智能制造工程，加快发展智能制造关键技术装备。面对国际制造环境中的挑战和竞争，充分发挥自身固有的、在制造业方面的优势，是上海新一轮产业变革当中极为重要的一项工作。因此，在"十三五"规划期间，上海市政府发布了《上海建设具有全球影响力科技创新中心临港行动方案》和《关于建设国际智能制造中心的若干配套政策》，致力于打造国际智能制造中心。虽然现在上海面临的任务是自动化和机械化，但上海真正的优势还是对接国际，跟踪国际前沿，在工业互联网上率先突破。上海市政府还拟将部分财政资金转设为"上海产业转型升级投资基金"，用于"中国制造2025"战略项目对接，以及"四新"重点领域市场化运作和与国际中小企业发展基金配套等。

时尚产业作为具有高技术、高附加值的新型产业，是上海可以用来转变经济发展模式的重要途径。时尚产业虽然保留着制造经济的主要内容和载体，但通过创意、设计、消费的引领拉动，已经日益凸显其服务经济的特征。时尚产业涵盖了诸多要素，包括科技创新、创意设计、精密制造、品牌推广、文化传播、商业消费等，是一个将技术、艺术、营销等多方面要素高度结合的综合性产业集群，是一个提倡可持续发展的绿色产业，是一个可以促进上海城市经济向低消耗、低能耗和绿色环保方面转变的新兴产业。通过大力发展时尚产业，可以进一步提升上海的产业竞争力和整体竞争力，逐渐开发一条从财富驱动向创新驱动转变的发展道路，从而实现高起点、高水平的发展模式，走经济效益、社会效益、环境效益的高度统一的发展道路。

三、区域层面

根据国务院颁布的《关于进一步推进长江三角洲地区改革开放和经济社会发展的指导意见》对上海产业发展进行定位，明确了上海产业在长江三角洲地区的龙头地位，要求上海加快发展具有引领区域发展作用的高端产业，形成区域产业的合理分工，发挥上海产业在长三角地区的领航带动作用。推进发展时尚产业，以服饰、服装为重点，以设计和研发为龙头，以国际专业会展为纽带，以新闻传播和时尚出版为推广工具，以时尚贸易为基本形式，充分显示上海经济中心城市的价值，最大限度地发挥区域综合优势，促进长三角地区相关制造业的整合和结构优化，同时，上海便利、快捷的交通系统，将带入、带出更多的消费群体，又可以进一步拉动整个长三角地区的经济发展。

四、上海层面

上海正在推进经济结构调整，对上海而言，不转变经济增长方式就没有出路。上海经济结构转型的路径与目标应是加快形成以服务经济为主的经济结构，而时尚产业也正顺应了这一潮流。时尚产业具有第二、第三产业融合的属性，可以大力推进制造业与服务业的融合与发展，上海可以以发展时尚产业为切入点，更新传统工业的业态，提高轻纺产品的附加价值，加快上海传统产业的转型升级，促进研发、设计、营销等相关的高端时尚衍生服务产业发展，围绕时尚产品的原料、设计、制造、营销推广、展览展示、媒体、销售等基本行业，以及教育、信息、标准化和经纪等辅助的社会经济活动，形成新的城市功能。上海已经成为国际时尚消费之都，上海的经济发展过程中正形成一批有品位的时尚消费群，来自世界各地的精英群体渴望更多、更好的时尚体验，而上海还未能成为时尚创造之都，只有积极推进发展时尚创意产业，发展创造力，并与第二、第三产业结合，振兴上海第三产业，使传统消费类产业向高科技、高价值为基本特征的时尚创意产业转化，成为新兴的时尚创造之都，为上海吸引来自世界的顶尖人才、社会名流、国际巨星，并由此产生更多的商机和效益，使上海为世界所瞩目。

发展时尚产业是上海转变经济发展方式的必然要求，是上海优化产业结构的重大抓手，是上海营造城市文明的重要依托，是上海拓宽城市就业的有效途径。积极促进时尚产业的发展，不仅有利于上海打造时尚之都，同时，时尚产业的发展也会进一步拉动国内消费增长，拓宽新的消费领域。

第四节
上海时尚产业发展的未来

一、上海时尚产业发展模式

综观世界五大国际时尚之都和香港、首尔等新兴时尚城市的发展来看，时尚之都的演进轨迹大致有三大类模式，即制造与智造驱动模式、消费与市场驱动模式、设计与品牌驱动模式，如图 2-8 所示。

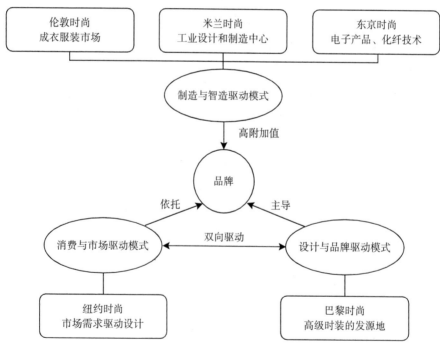

图 2-8　世界时尚之都的时尚产业发展模式

1. 制造与智造驱动模式

制造与智造驱动模式是指依托在制造业某一方面（如服装工业、面料工业、珠宝钟表加工等领域）的强大工艺基础和技术优势，不断推出新产品，引领消费时尚，并逐步带动相关产业多样化和集群化发展，形成完善的高技术、高附加值的时尚产业结构。在这种模式下，时尚产品制造商或者设计商主导着时尚风格，主要以米兰、东京为典型代表。

2. 消费与市场驱动模式

消费与市场驱动模式是依托终端时尚消费的强大购买力，吸引厂商、设计人员集聚，对接销售与制造、市场与研发，逐步围绕时尚产业服务，延伸拓展关联产业。在这一驱动模式中，销售服务、市场推广比制造更为重要，通过国内外时尚企业的云集，来挖掘和形成时尚风格，进而形成国际时尚流行趋势。这一模式主要以纽约为典型代表。

3. 设计与品牌驱动模式

设计与品牌驱动模式是依托具有创新意识的思维方式，通过前卫而严谨的时尚产业设计机制的建立，在鼓励设计师发挥个人独特魅力和创意的同时，营造个性品牌，彰显个性魅力，引领国际时尚风潮。这一模式以巴黎、首尔为典型代表。

4. 上海时尚产业发展模式的选择

上述三种发展模式有着不同的产业背景、城市发展阶段和要素禀赋要求：制造与智造驱动模式要求具备具有绝对竞争优势的轻纺产业基础，如米兰技艺精湛的手工制造作坊；消费与市场模式驱动要求具备发达的流通体系和庞大的市场消费能力，如纽约成熟的市场商业环境；而设计与品牌驱动模式则要求具备顶级设计师及其进行创作的氛围环境，如巴黎拥有大批极具个性魅力的设计师。

目前，上海轻纺工业的整体发展在国内外并不具有绝对优势，且传统优势产品领域普遍缺乏具有全球竞争力的品牌企业和龙头企业；此外，上海的开放性虽然在国内首屈一指，但由于政策制约，在国际人才引进上受到限制，而本土时尚设计尚处于萌芽阶段。相比之下，上海商业文明的繁荣、市场信息的高度流动和其庞大旺盛的消费需求，使得上海成为了我国乃至亚太地区重要的时尚购物之都。

鉴于此，上海打造国际时尚之都应当采取创新发展模式，以设计为主导，以消费为依托，强调设计与市场的对接，实现设计和消费的双向驱动。同时，应当紧密结合上海初具规模的时尚创意产业，在相关政策的支持下，打破上海在设计和营销方面的瓶颈，转变以制造业为主的单一产业结构，进而向高附加值的产业结构转变。同时，政府应该鼓励企业开展个性化定制、柔性化生产，培养精益求精的工匠精神，让上海时尚产业的制造水平、创造力水平得到提升。通过时尚设计引领时尚消费，通过时尚消费促进时尚设计、研发和制造，逐步形成完善的时尚产业结构，打造新型时尚产业空间，最终形成具有上海本土特色的时尚品牌。

二、上海打造时尚之都的展望

打造上海的时尚产业，必须以时尚产业发展的关键环节作为突破口，破解时尚产业的发展瓶颈，形成一定规模的时尚产业集聚，提升时尚产业的地位和科技含量。因此，今后几年上海应着重在如下几个方面寻求突破，如图2-9所示。

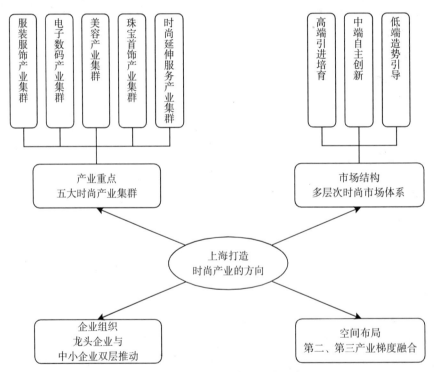

图2-9 上海打造时尚产业的发展方向

1. 产业重点

时尚产业是一种多元化的新型产业，融合了多个产业。综合各方面的优势，上海应重点发展五大时尚产业领域，形成产业集群体系架构。这五个时尚产业集群应该包括：以时装、箱包、皮鞋、家纺等为核心的服装服饰产业集群；以化妆品、护肤品等为主的美容产业集群；以珠宝、首饰、腕表等为主题的珠宝首饰产业集群；以手机、电脑、数码相机为主的电子数码产业集群；以时尚传媒、时尚秀场展以及相关时尚服务为主的时尚延伸服务产业集群。

2. 市场结构

从国外时尚市场体系来看，顶级时尚产品的出现与成长和时尚设计师的作用密切相关，而上海发展顶级时尚产业的条件并不成熟，因此，上海必须积极拓宽时尚消费的覆盖面，实现时尚产业的多层次发展。

3. 企业组织

时尚产业是一个高度市场化的产业，通过实体产业、服务体系与品牌资产的虚拟运作，广泛渗透社会公众生活的各个领域。一方面，龙头企业引领时尚产业的集聚是一种发展趋势；另一方面，一些中小企业所采用的传统小型化运作模式也吸引了特殊的消费群体。为此，上海既要注重对时尚龙头企业的培育，又要加强中小企业的发展，不断为上海时尚产业的发展注入新的活力。

4. 空间布局

依托世博效应带来的机遇，重新构建长三角地区时尚产业分工协作体系，完善上海时尚产业布局，形成一批专业街区和特色产业集聚区。首先，要引导创意产业园区创新发展模式，优化时尚设计空间；其次，推动发展高端时尚制造，完善时尚制造空间布局，依托其较为丰富的腹地资源、土地承载力，打造集生产、研发、展示等功能于一体的时尚制造空间；最后，打造中心城区新一代的时尚贸易空间，进一步强化时尚消费市场的城市品牌，利用几大商圈的知名度，着力打造一批彰显民族特色、极具民族品牌的购物市场。

第三章
国际五大时尚之都

　　目前世界知名的时尚之都都是由"时装之都"演变而来。时尚的领域繁多，服装和时装只是其中一部分，但时尚绝对不可以没有时装。对于评选国际时尚之都的标准，目前还没有一个公认的、权威的评判定论。但毋庸置疑的一点是能够被评为国际时尚之都的城市，其时装业一定走在世界潮流的前列。巴黎是高级时装的发源地，世界时尚设计和信息发布中心；米兰是高级成衣发源地，世界一流的面料制造基地；伦敦具有悠久的纺织业传统，是经典男装成衣中心；纽约的高级成衣、休闲装、运动装品牌处于全球领导地位；东京拥有自己一流的设计和品牌，同时发展高品质的时装加工业。各个时尚之都均有自己的发展历史和文化特点。历史和文化是影响城市时尚文化发展的决定性因素。

　　时尚作为一种文化现象，总是与社会物质生产及文明程度相关。一个地区的文化特点和历史发展也会积淀其特有的时尚风格，同时影响该地区时尚产业的发展。科技与时尚这两个看似毫不相关的行业，如今也变得密不可分，在科技推进时尚的同时，时尚产业也积极地将科技融入产品中。而如何培养和提高时尚产业人才的素养和创新意识很大程度上依赖于时尚教育的发展。时尚教育不仅包括对创意设计和产品开发进行引导学习，还包括时尚市场营销、时尚产业管理等。品牌在市场竞争日益激烈的今天同样发挥着越来越重要的作用，一个成功的品牌不仅能增强该产品的竞争力，同时还能促进整个产业的发展。所以，本章我们将从文化、科技、教育、品牌、经济五个方面介绍和分析国际五大时尚之都。通过对这五方面因素的分析总结，本书得出的重要观点是：文化积淀时尚、科技驱动时尚、教育点亮时尚、品牌承载时尚、经济引领时尚。

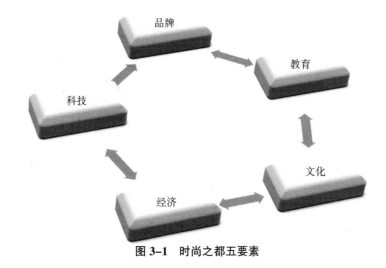

图 3-1　时尚之都五要素

第一节
国际五大时尚之都——巴黎

巴黎，法国的首都，同时也是法国最大的城市，是法国的政治、经济、文化中心，有着悠久的历史和深厚的时尚文化底蕴，是世界闻名的时尚发源地之一。其中，时尚服装业在巴黎是最具代表性的时尚产业之一，时尚服装业的发展又引领了巴黎化妆品、香水、皮具等相关时尚产业走向世界前沿。

图 3-2　巴黎鸟瞰图

一、经济

法国经济水平一直位居世界前列。截至 2015 年，法国国内生产总值（GDP）达到 2.18 万亿欧元，位列世界第五。巴黎所在的大巴黎区（Ile-de-France）所占全国生产总值比重排在全国首位，巴黎的消费能力可见一斑。

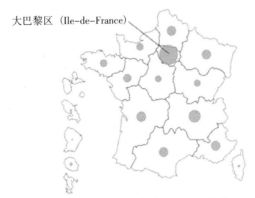

大巴黎区（Ile-de-France）

图 3-3　2013 年法国各大区 GDP 比重

注：图中圆圈大小代表 GDP 比重大小。

资料来源：法国国家统计局；新浪财经。

二、文化

毋庸置疑，巴黎的时尚产业拥有得天独厚的文化背景。巴黎是法国的文化中心，同时也是伟大的艺术之都，历史、政治、文学、思维在这里交织并发散到全球，引领巴黎时尚产业的发展。

（一）时尚起源——宫廷文化

巴黎的时尚与宫廷文化和政治的发展状态联系紧密。香料和化妆品在法国的使用最早可以追溯到 13 世纪，当时在贵族社会中盛行。到了波旁王朝时期，路易十三引领的"打破陈规"的衣着风格在巴黎贵族及小部分资产阶级中兴起，由此在宫廷贵族中掀起了一股追求时尚的风潮。而在太阳王路易十四执政期间，法国政治经济处于空前繁盛时代，巴黎的时尚开始发展起来，时尚成为一种诉求。可以说，宫廷文化是巴黎时尚的起源。

（二）时尚文化的发展

在 18 世纪中期，巴黎出现了由服装手工艺者、设计师、服装商人等组成的对服装、对艺术有感知的社会新阶层，他们是时尚与设计的先驱，也为时尚打破

图 3-4 刚落成时的凡尔赛宫,法国贵族的奢华生活

仅限于贵族阶层的桎梏做了铺垫。法国大革命之后,巴黎的社会风尚从追求纯粹的个性解放逐渐异化为对享乐主义的追求。随着居民收入和生活水平的提高,社会上到处弥漫着纵情享乐、安于现状的思想。高级时装定制在 19 世纪的出现也就不足为奇了。后期,华丽考究的服饰和奢侈品行业也得到发展,以满足当时盛行的享乐主义思潮。

20 世纪开始的时尚产业开始真正向整个社会开放,而不再隶属于某一个特定阶层。以时装为代表的法国时尚体现的是传统魅力、未来魅力和边际魅力的多层次价值。20 世纪 60 年代之后,受到国际化、多样化、创新化和艺术化的影响,趋向简单易穿,鼓励男女混搭,成为法国时尚这一时期的特点。

(三)时尚文化特征

如今的巴黎,俨然成为一种鲜明的时尚文化的象征。作为史上最古老的城市之一,巴黎的人文环境陶冶了众多时尚群体。巴黎发展了自己的文化特征,恪守严格的城市规格,不管是建筑物的高度还是街道的宽度等,都极度重视整体的美感。同样,巴黎也保存了许多古老的工坊,特有的宫廷文化遗留下来的高级定制文化让巴黎成为时尚的最高准则。保守的文化与时髦的艺术在这里碰撞,不断擦出火花,产生化学反应,催生出如今巴黎优雅、个性、浪漫的时尚产业。

(四)时尚文化活动

在巴黎人们热衷于讨论时尚,时尚成为人们生活中必不可少、密不可分的一部分,时尚已完全融入到巴黎人的生活中。巴黎的时尚文化活动在世界上有着巨大的影响力，表 3-1 展示了巴黎在时尚产业文化上的表现。从表 3-1 中可以看出，丰富的时尚活动及展会，众多的时尚街区，均深刻影响着巴黎时尚文化的发展。

表 3-1　巴黎时尚产业文化表现

表现形式	地点/主题	特色
时尚产业聚集地	圣地亚街	聚集巴黎大部分的面、辅料供应商
时尚街区	香榭丽舍大道	奢侈品的汇集地
	蒙田大道	奢侈品与多家高级定制的集中地
	圣奥诺雷街	汇集众多奢侈品店和古董店，新老时尚势力的融合
	奥斯曼大道	法国著名百货公司老佛爷百货、春天百货所在地
	旺多姆广场	法国高级珠宝品牌在此设立专卖店
	胜利广场	汇聚全世界最酷的时尚名店和潮流品牌
	圣端跳蚤市场	世界最大的古董市场
时尚活动及展会	巴黎时装周	分为高级定制时装周和高级成衣时装周，每年举办两次，有上千名来自全球各地的媒体记者、买手、明星等观看
	巴黎艺术沙龙	全球艺术家欢聚的盛会，每年吸引数万名艺术收藏家和爱好者
	巴黎音乐节	在每年的 6 月 21 日举办，将不同种音乐融合起来吸引大众，推广音乐文化
	其他展会	成品时装沙龙、第一视觉面料展、女装和配饰展等

资料来源：根据卞向阳《国际时尚中心城市案例》一书整理。

三、教育

　　巴黎的时尚教育注重实践，将企业实习纳入到大学课程中，学生融入职业环境的深度远超过其他国家。在公立大学中开设有大量的服装设计、缝纫等课程，为建设发展巴黎时尚产业提供人才储备。

　　巴黎的艺术院校可分为学院派、专科派。学院派是实用型艺术，诸如巴黎的杜白利高等实用艺术学院（Duperee）、艾斯蒂安高等平面设计艺术学院（L'École Estienne）。专科派用于解决特定需求，如巴黎的时装工会学校（Ecole de la Chambre Syndicale de la Couture）、Esmod 国际时装设计高等学院等。法国对设计师的培训与其传统工艺和产业的特点紧密结合。时尚产业中的工作内容和性质要求培养的人才具有相当的操作性和实践性。

（一）ESMOD 国际时装设计高等学院

　　坐落于巴黎的众多时尚艺术类院校中，ESMOD 国际时装设计高等学院一直是全世界时装学院的典范，被称为"时装界的哈佛大学"，与英国中央圣马丁艺术与设计学院（Central Saint Martins College of Art and Design）、意大利马兰欧尼学院（Istituto Marangoni）、美国帕森斯设计学院（Parsons the New School for Design）并称世界四大顶尖设计学院。由法国著名服装裁剪大师阿列克斯·拉维涅先生（Alexis Lavigne）创建于 1841 年，ESMOD 学院在行业中声名显赫，且获得了法国国家机关的认可，是一所历史悠久，贡献卓越的时装学院。其教学涉及时装界的各个领域：时装设计、成衣制作、市场推广、产品管理、时装与媒体等。Alexis Lavigne 在创办学校之初决定打破传统的教育方式，将长期的学习过程浓缩为专业化的短期培训，开创了时尚服装界的先河。为了让学生在时尚产业的职业生涯中更加具有竞争力，学校建议学生选修两个专业。教学层次从传统的作坊技术到现代的工业技术，使学生能得到全面的训练。

　　ESMOD 毕业生中不断涌现出世界级的优秀设计师，如自创品牌（Ece）的土耳其时装设计师艾思洁（Ece Ege），她在巴黎的 Les Arts Decoratifs 博物馆做过个人作品展、跨界合作过 MINI Cooper S 概念车，2003 年更被彼时的法国第一夫人贝尔纳黛特·希拉克（Bernadette Chirac）评为"Femme en or"（妇女黄金奖杯）年度最佳设计师。此外，还有在美国高居"未来亿万富姐"排行榜首的法国时装设计师卡特琳娜·玛兰蒂诺（Cathrine Malandrino），在巴黎自创著名品牌"e"的挪威时装设计与制板师衣格斯，世界著名品牌"巴黎春天"及法国国家歌剧院舞台装设计师法兰克·索贝尔，世界著名品牌"Dior，Dolce & Gabbana"的裘皮设计师 Ming Ju-lin 等世界顶级时装设计师与制板师。

图 3-5　**Esmod Paris**

图 3-6　法国著名设计师 Ece Ege

（二）丰富的时尚教育资源

除 ESMOD 学院之外，巴黎还有众多的国际时装艺术学校，如法国时尚学院（L'Institut Français de la Mode，IFM）、Lisaa 高级使用艺术学院、伯索特设计学院等。丰富的教育资源与独具一格的实操性强的教育特色使得巴黎每年吸引来自世界各地的优秀人才，为巴黎时尚之都的发展提供强有力的人才储备与支持。

四、科技

时尚与科技结合的话题近年来不断被提出，科技融入到时尚产品的设计、制造、传播等过程中。作为国际时尚都市的巴黎，其科技时尚和时尚科技的理念近年来也逐渐发展起来。早在 2013 年的巴黎时装秀场上，一场别开生面的 3D 打印时装秀便展示了 3D 打印技术与时尚产业的一次结合。

（一）可穿戴时尚

目前，法国时装品牌逐渐开始接触可穿戴时尚这一领域。例如：Courreges 品牌早前推出了"会发热的大衣"，只要按动按钮，就能赋予大衣"生命"。这是在科技与时尚结合的过程中，既满足穿着舒适，又增加时尚产品效能的一次展现。Courreges 在 3 件时髦的 Courreges 秋冬全长羊毛大衣内藏小巧的发热装置，类似在冬天早晨时汽车座椅加热的设备。它的作品既保持了原本 Courreges 的设计感，又加入了科技元素，是时尚和科技融合的典型案例。

在 2016 年巴黎时尚科技展上，众多新颖奇特的可穿戴科技与时装的结合展示了巴黎在科技与时尚方面发展的最新成果。"可穿戴时尚科技嘉年华"艺术总监 Anne-Sophie Berard 表示，时尚科技展的焦点并不在于展示技术，而是更着重于呈现艺术家们的想法，即如何将现代科技与设计理念结合起来。科技与时尚的结合并不是简单的生搬硬套，可穿戴科技产品的设计要求来自时尚设计师们的观点和看法。在巴黎时尚科技展中的确存在相当奇特的设计，未来的时尚必然是与科技紧密联系的。

有"眼睛"的披肩
其中央部位有一个微型摄像头，能侦测其他人的目光并借由其 3D 打印的表面做出反应

音乐和服
穿着这件和服的人只要摸摸袖子，就能让无线连接一个黑盒子的和服发出"三昧线"的乐音

复健针织外套
这是专门为需要物理治疗的复健患者设计的，配备传感器，以便让治疗师、照护者随时监测

AWE Goosebumps
这件会起"鸡皮疙瘩"的礼服，结合了生物传感器，能够检测穿戴者的情绪，在她们受惊吓到起"鸡皮疙瘩"时就会发光

个性定制
这些衣物的设计是利用网络摄影机来分析穿戴者的脸部表情以及他正在打字的内容，然后以计算机算法产生符合个人特质的织品设计

蜘蛛洋装
这件蜘蛛洋装内建英特尔 Edison 处理器，结合时尚、机器人技术以及可穿戴科技，设计理念是要表达穿戴者的情绪以及保护她的个人空间

图 3-7 2016 年巴黎时尚科技展部分展品

资料来源：http://www.eet-cn.com/.

（二）时尚与大数据

巴黎不仅在可穿戴类科技时尚方面得到了很好的发展，同时也在数据和时尚相结合方面做出了许多创新。有法国奢侈品行业巨头 LVMH 集团参与投资的巴黎电子消费品展（Viva Technology Paris）上，LVMH lab 展区约有 50 家数字类初创企业布展。这些企业不是单纯的数字类企业，更是结合了时尚，并与奢侈品行业紧密相关的企业，涉及服装、珠宝、酒类等。这些企业有的发展相对成熟，有的仍在起步阶段，但它们一起为巴黎的时尚科技化做出了突出贡献，引领全球时尚界走向与大数据相结合的方向。

案例 3-1：Selectionnist

　　Selectionnist 是传统纸媒与科技相结合的一款移动端 App，消费者只需通过 App 就能方便快捷地在网上搜索到纸媒杂志上所刊登的商品的广告信息。Selectionnist 于 2015 年成立，根据公司创始人兼 CEO Tatiana Jama 介绍，Selectionnist 将传统纸媒与奢侈品的线上业务连接了起来，目前公司已与包括"ELLE"在内的 30 家法国女性杂志达成合作意向，并且正在与美国出版商洽谈合作事宜，拓展业务市场。

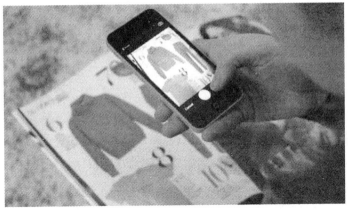

Selectionnist

案例 3-2：触摸式视频购物平台

触摸式视频购物平台

触摸式视频购物平台 Cinematique 出现在此次展览中，该公司采用的技术具有顾客在观看某一视频时可实时选中视频中出现的相关商品并查看购买信息的功能。在视频开始后，任意点击图中出现的服装、手袋等画面，网站将会把你所选中的商品存入右下角的购物车。顾客可以在视频结束后进入购物车查看之前选中的商品。点击选项，有关商品的具体信息就会呈现出来。

Cinematique 公司已经与时尚文化线上平台 Nowness 以及 LVMH 旗下的一些品牌展开合作，目前已经可以在官网上体验这项技术带来的便利。

（三）数字化时尚趋势

数字化时尚为时尚产业带来了全新的思路，融入到制造生产、设计、营销推广等过程中，为时尚带来了更强的传播性，更高的精准性，甚至具有一定准确度的可预测性。除列举的 Selectionnist 及 Cinematique 外，LVMH lab 展区也展示了其余不同类型的数字型企业与时尚产业的结合方式。表 3-2 列出了 LVHM lab 展区代表性数字时尚企业的介绍。

表 3-2 LVMH lab 展区代表性数字时尚企业

企业名称	简介
Selectionnist	消费者只需使用该公司开发的 App 就能迅速找到纸媒杂志上刊登的照片所对应的线上商品，搭建了从纸媒到奢侈品线上业务的桥梁
Cinematique	建立触摸式视频购物平台，任意点击视频中出现的服装配饰等，网站会自动将商品保存到购物车中，视频播放结束后可查看商品相关信息
10-Vins	推出葡萄酒定制机器，提供不同口感的葡萄酒原液，消费者可自行调配出喜欢的口感
Fred Paris	巴黎的珠宝品牌，运用数字技术为顾客定制手镯，颜色选择多达 10 万种
Project Jacquard	关注项目包括会变色的新型纱线、可以调节温度的面料以及导电纤维面料制成的服装

资料来源：http://luxe.co/post/42458/#top.

五、品牌

巴黎享誉世界的品牌数不胜数，其在国际时尚界占据着不可动摇的地位，这也为巴黎时尚之都这一领军位置的树立提供了不可或缺的条件。在巴黎，许多设计师以自己的名字来命名，也就是我们常说的设计师品牌，在品牌发展到一定程度后，有一定知名度和品牌忠诚度的时尚品牌开始进行产品线的扩张，同时也推出香水、服饰配饰、轻革皮件，甚至化妆品等各种各样的时尚产品。表 3-3 介绍了巴黎不同时期的代表性时尚品牌和设计师。表 3-4 展示了巴黎不同时期非服装类代表性时尚品牌。

表 3-3 巴黎不同时期的代表性时尚品牌和设计师

年代	品牌和设计师名称
20 世纪 50 年代以前	巴黎世家（Balenciaga）、香奈儿（Chanel）、克里斯汀·迪奥（Christian Dior）、爱马仕（Hermes）、皮埃尔·巴尔曼（Pierre Balmain）、朗万（Lanvin）
20 世纪 60 年代	克里斯汀·迪奥（Christian Dior）、皮埃尔·巴尔曼（Pierre Balmain）、纪梵希（Givenchy）、库雷热（Courreges）、莲娜丽姿（Nina Ricci）、卡纷（CARVEN）、伊夫·圣·洛朗（Yves Saint Laurent）、姬龙雪（Guy Laroche）
20 世纪 70 年代	蒂埃里·穆勒（Thierry Mugler）、让·保罗·戈尔捷（Jean Paul Gaultier）、阿莎罗（LORIS AZZARO）、华伦天奴（Valentino）
20 世纪 80 年代	阿涅斯（AGNES B.）、鳄鱼（LACOSTE）、桑尼雅（Sonia Rykiel）
20 世纪 90 年代	洛丽塔（Lolita Lempicka）、赛琳（Celine）、卡尔·拉格斐（Karl Lagrefeld）

资料来源：卞向阳. 国际时尚中心城市案例 [M]. 上海：格致出版社，2010.

表 3-4　巴黎不同时期非服装类代表时尚品牌

品牌种类	品牌名称	创立时间
化妆品	HR 赫莲娜（Helena Rubinstein）	1902 年
	卡尼尔（Garnier）	1903 年
	巴黎欧莱雅（L'ORÉAL PARIS）	1907 年
	薇姿（VICHY）	1931 年
	兰蔻（Lancome）	1935 年
	碧欧泉（Biotherm）	1952 年
	卡诗（KÉRASTASE）	1964 年
珠宝	茂宝仙（Mauboussin）	1827 年
	卡地亚（Cartier）	1847 年
皮具 包袋、鞋靴、配饰	珑骧（Longchamp）	1948 年
	阿涅斯（AGNES B.）	1975 年

资料来源：http://ww.chinawatchnet.com；http://www.haibao.cn/brand.

　　巴黎的时尚品牌在发展过程中，除了十分注重产品的质量外，其独特性与原创性也受到了高度重视。高质量的工艺，结合悠久的历史和所塑造的传奇故事，使得这些时尚品牌被赋予了丰富的文化内涵，品牌形象和品牌故事深入人心。巴黎高级时装行业绝大多数最早是依靠手工作坊里的质量控制来保证声誉的，严格的质量管控体系的建立为之后建立享誉国际、历史悠久的知名品牌打下了基础。

　　如今，法国政府也推行了相关措施去培育和保护自主品牌。法国政府倡导的"法国品牌"战略为时尚品牌发展提供了强有力的政策支持。政府十分重视其知名品牌企业的国民身份，坚决反对外国企业的恶意收购举动。目前，为数

图 3-8　LVMH 集团（新加坡金沙广场旗舰店）

众多的时尚和奢侈品品牌均掌控在诸如 LVMH 集团、欧莱雅集团（L'ORÉAL）、碧诺春天雷都集团（PPR）以及保乐利加集团（Pernod Ricard）等极少数大型集团的手中。

表 3-5 展示了巴黎代表性奢侈时装和皮革制品品牌。这些品牌中，克里斯汀·迪奥（Christian Dior）、赛琳（Celine）、纪梵希（Givenchy）等几个品牌隶属于 LVMH 集团，巴黎世家（Balenciaga）则隶属于碧诺春天雷都集团（PPR）。

表 3-5 巴黎代表性奢侈时装和皮革制品品牌

隶属时尚集团	成立年份	品牌名称	品牌特点
LVMH	1854	路易·威登（Louis Vuitton）	时尚旅行艺术的象征
	1837	爱马仕（Hermes）	忠于传统手工艺，极致优雅
	1910	香奈儿（Chanel）	高端、典雅、精美
	1946	克里斯汀·迪奥（Christian Dior）	华丽、高雅
	1945	赛琳（Celine）	卓越品质、精致时尚
	1952	纪梵希（Givenchy）	经典、前卫、时髦
PPR	1919	巴黎世家（Balenciaga）	时尚、典雅、细密剪裁及缝制

表 3-6 展示了法国知名化妆品品牌。这些知名的香水及化妆品之中，娇兰（Guerlain）品牌隶属于 LVMH 集团；而兰蔻（Lancome）、欧莱雅（L'ORÉAL）、赫莲娜（Helena Rubinstein HR）、碧欧泉（Biotherm）等几个品牌则隶属于法国重要的化妆品企业欧莱雅集团（L'ORÉAL）。

表 3-6 法国知名化妆品品牌

隶属时尚集团	成立年份	品牌名称	品牌特点
LVMH	1828	娇兰（Guerlain）	原创进取，追索美丽
L'ORÉAL	1935	兰蔻（Lancome）	细腻、优雅、气质、非凡魅力
	1907	欧莱雅（L'ORÉAL）	触手可及的奢华
	1954	娇韵诗（Clarins）	科学安全的美妆产品
	1902	赫莲娜（Helena Rubinstein HR）	高端医学护肤科技，彩妆领先时代
	1952	碧欧泉（Biotherm）	高尚生活格调源于简单自然保养

作为重要的服饰配饰，法国的珠宝行业随着服装产业的发展也在国际上占有举足轻重的地位。法国珠宝高端品牌在国际上的影响力不可忽视。表 3-7 展示了法国代表性珠宝品牌。

表 3-7 法国代表性珠宝品牌

成立年份	品牌名称	品牌特点
1847	卡地亚（Cartier）	创意与精致工艺的结合
1906	梵克雅宝（Van Cleef & Arpels）	集爱情与梦想为一体的法兰西精神
1858	宝诗龙（BOUCHERON）	爱情与守护的象征
1780	尚美巴黎（CHAUMET）	定格经典，至臻之选

法国时尚产业的发展使得法国主流时尚媒体杂志备受关注，发展成为代表时尚的媒体品牌，对时尚界的信息发布和商业推广起到了重要的作用。表 3-8 展示了法国主流时尚媒体传播平台。

表 3-8 法国主流时尚媒体传播平台

时尚媒体	创立时间	主要特点
Elle	1945 年	服饰美容等时尚信息大全
L'officiel	1921 年	法国第一本时装杂志
Marie Claire	1937 年	世界著名高档女性期刊之一
Numero	1998 年	新法式时尚杂志
Figaro Madame	1980 年	法国知名高端女性杂志

资料来源：卞向阳. 国际时尚中心城市案例 [M]. 上海：格致出版社，2010.

第二节

<h1 style="text-align:center">国际五大时尚之都——伦敦</h1>

伦敦是英国的首都，欧洲最大的城市之一。伦敦既保留了大英帝国的文化传统，又有帝国日落以后的前卫。20 世纪 90 年代以后，伦敦通过对创意产业的重视与扶持，为其成为国际时尚之都增添了新的活力，其时尚产业尤其是男装业和其他相关时尚创意产业受到全球的关注。

一、经济

英国时尚产业的价值在过去的几年不断攀升，2009 年伦敦时尚产业为英国经济创造的价值约为 210 亿英镑，2014 年为 260 亿英镑，猛增 22%，并为英国提供了 797000 个工作岗位，且时尚行业每年为英国的旅游业带来 9800 万英镑的贡献。

伦敦时装周是英国时尚行业的标志性活动。时尚产业对于英国经济的贡献巨大。伦敦时尚周不仅是时尚伸展台，也是全球大型活动和产业的催化剂。2014年的伦敦时尚周，仅媒体曝光效益价值就高达 2.6 亿美元。而 2015 年的伦敦时尚周数据显示：2015 年伦敦女装销售额达到了 270 亿英镑，预测到 2020 年将增加 23% 至 320 亿英镑，而时装配饰销售总额达到 27 亿英镑，同比 2014 年增长 3.4%。除此之外，线上时装购物销售额达到 124 亿英镑，比 2014 年的 107 亿英镑上涨了 16%。

伦敦时尚之所以能够风靡全球的一个重要原因是其包容性。伦敦具有众多著名的购物街与景点，例如牛津街（Oxford Street）、邦德街（Bond Street）、皮卡迪利广场（Piccadilly Circus）等，伦敦成为了全球时尚人士的购物天堂。在这些购物街，品牌多样性与包容性是其特点，不仅包括英国本土高级强势品牌，还包括一些本国国民级品牌和国外知名品牌。良好的营销策略、多元品牌融合、兼容并包的设计风格等因素刺激伦敦时尚业发展，促进其时尚消费。除了在时尚行业实体零售业上的努力，电子商务的发展也让伦敦时尚行业消费"更上一层楼"。

大量数据表明，伦敦时尚产业为英国经济创造了巨大价值，英国的时尚产业正以每年平均 20% 的惊人速度增长，让伦敦受到了众多时尚爱好者及消费者的青睐，一定程度上带动了当地旅游、公益、娱乐等事业的发展，提供了大量就业机会，促进了英国的经济增长。

二、文化

伦敦是历史文化名城。考古发现，公元 1 世纪以前，也就是罗马人到此之前，伦敦已有人生活居住。在罗马人征服当时的英国后，泰晤士河旁的"伦底纽姆"据点被命名，这就是伦敦城市的最早起点。而工业革命、两次世界大战等都让英国伦敦与世界各国进行了充分的文化交流。18 世纪的大英博物馆，是世界上最大的博物馆，集中了大量来自英国和世界各国的许多古代文物，该馆有来自中国、日本、印度及其他东南亚国家的文物十多万件：希腊和罗马文物馆陈列着各种精美的铜器、陶器、瓷器、绘画、金币以及许多古希腊、古罗马的大型石雕；东方文物馆陈列有大量来自中亚、南亚次大陆、东南亚和中国的文物。馆内还有英国文物馆、西亚文物馆、图书绘画馆等。除了大英博物馆，伦敦还有著名的科学博物馆、国家画廊等文化艺术场所。大量的历史文化古迹让英国伦敦成为一个文化碰撞的地带，使其时尚流行风格更具内涵和深度。

图 3-9　伦敦大英博物馆

今天的伦敦，文化更令人瞩目。作为一个多元化的大都市，伦敦拥有来自世界各地的居民，多宗教、多种族、多语言、多文化并存。在本地音乐舞蹈艺术非常盛行，皇家芭蕾、踢踏舞、音乐剧、爵士乐、歌剧、摇滚，一应俱全。剧场数量大，主要剧目为莎士比亚、萧伯纳的经典著作。当地人生活节奏快但却有条不紊，精干的身影充斥在商业街道上。他们充分交流，相互交融，共同构成了当今的时尚之都——伦敦。

伦敦文化创意产业的发展通常是由政府作为产业发展的主体与主导推动力，通过制定相关政策措施与发展战略，实施相关的税收、公共服务等优惠措施，促进某一地区创意产业的迅速形成和高速发展，从而实现创意产业的跨越式大发展。

表 3-9　创意产业相关产业政策

创意文化产业政策	概述
加强创意产业的基础研究	1998 年和 2001 年发布《创业产业图录报告》 2004 年发布《下一个十年 2004 年公布创意产业产出、出口、就业等统计数据，2005~2015 年每年更新相关数据
培养公民创意生活和创意环境	开放更多的博物馆，将所有数据档案数字化，通过教育培训，创造共鸣与创意接触的机会，使人们可以享受到创意生活文化产业
重视数字化对创意产业的研究	1998 年提出"多媒体革命" 2000 年研究数字对音乐消费的影响及知识产权保护的重要性 2002 年研究数字科技对电影生产及销售的影响，并提出应对数字化发展趋势的电影产业政策 2016 年伦敦时尚周进一步强化了伦敦对于数字化产业的研究
积极探索国际合作和交流	2015 年英国创意产业瞄准中国，推进产品的开发，并致力于将先进的专业技能引入中国

金融危机无疑给伦敦的时尚消费带来了重创，迫使很多时尚品牌推迟海外扩展计划，大幅度削减广告费用。面对金融危机，虽然各国领导人都宣称反对贸易保护主义，但是一些保护本国产业的"新保护主义"却有所抬头。英国时尚产业界在贸易保护主义方面也出现了相关迹象。随着经济衰退，失业率增加，越来越多英国人开始支持国货，选购本国商品。英国时装委员会也期望借助伦敦时装周在经济低迷时期推动服装产业。2009年时尚委员会通过与美术馆、设计师、零售商、赞助商和媒体的合作，继续推动针对设计师的培训计划和激励年轻人加入时尚的职业发展计划，努力在经济低迷时期为服装产业提供有效帮助。

政府对于相关文化产业的设计师也有很多的扶持政策，例如 BFC/Vogue Designer Fashion Fund 基金作为 BFC 25 周年庆典后续项目之一，成立于 2008 年 9 月，创始人是 BFC 主席哈罗德·蒂尔曼。基金会提供给设计师高达 20 万英镑的奖金以及高水准的专业指导和支持——决赛选手还会获得额外的奖励和商业支持。该基金的目的在于扶持有商业成长潜力的英国设计师，帮助他们把刚成立的处在成长阶段的创意企业打造成国际化的时尚品牌。除此之外还有一些其他的扶持政策，例如学院理事会、时尚前沿奖等。

表 3–10　设计师扶持政策

设计师扶持政策	概述
BFC/Vogue Designer Fashion Fund	20 万英镑奖金，高水准的专业指导和支持
学院理事会	为学生提供举办活动和比赛的资金以及奖学金
时尚前沿奖	赞助设计师参加伦敦时装周及自己的事业
NEWGEN	支付秀展费用，提供销售和市场方面的建议
普林格设计大赛	提供奖学金并可获得产业经验
IYFE	褒奖活跃于时尚产业内的创意从业者

三、教育

伦敦时尚的蓬勃发展源于其对于时尚行业人才的不断培养。英国艺术设计类的高等教育始于 1837 年的工业化时期，至今已经有 170 多年的历史。作为曾经的日不落帝国，大不列颠有着悠久的历史文化，随处可见的艺术痕迹，是一个充盈着艺术灵魂的国度，是每一位怀揣着艺术梦想学子的朝圣之地。有最专业的老师指导，最浪漫的学习氛围，连呼吸都充满着艺术的气息。伦敦拥有众多世界级的知名艺术院校和设计学校，并为时装设计专业提供学位。最著名的有伦敦艺术大学的伦敦时装学院、中央圣马丁艺术与设计学院、威斯敏斯特大学的马丁斯学院和英国皇家艺术学院等。

(一) 伦敦艺术大学 (University of the Arts London)

伦敦艺术大学是世界上最优秀的艺术大学之一，分别由坎伯韦尔艺术学院 (Camberbwell College of Arts)、中央圣马丁艺术与设计学院 (Central Saint Martins College of Art and Design)、切尔西艺术与设计学院 (Chelsea College of Art and Design)、伦敦时装学院 (London College of Fashion)、伦敦传媒学院 (London College of Communication) 和温布尔登艺术学院 (Chelsea College of Art and Design) 组成。

(二) 中央圣马丁艺术与设计学院 (Central Saint Martins College of Art and Design)

中央圣马丁艺术与设计学院位于伦敦市中心，是英国最大的艺术与设计学院，成立于 1989 年。最初是由中央艺术和工艺学校 (始建于 1869 年) 和圣马丁艺术学校 (始建于 1854 年) 合并而成，之后伦敦戏剧中心和柏亚姆·肖艺术学校分别于 1999 年和 2003 年加入圣马丁艺术与设计学院。学院提供的课程十分广泛：时装和纺织品、美术、媒体制作、平面设计、喜剧和表演、三维设计、跨学科艺术和设计。属于世界四大时装设计学院之一，也是一所能在伦敦时装周设立秀场的院校。"叛逆"、"革新"、"创新"是圣马丁的标签，业界一直对于 CSM 的"天马行空"津津乐道，这里的学生对于创意的大胆程度是其他院校所不能企及的。CSM 极其注重制作项目的整个过程，以及背后的理论依据。圣马丁艺术与设计学院不仅是艺术学院，而且是文化中心，以鼓励学生、教师和毕业生们的创造力而享誉世界。它是天才设计师的摇篮，为时尚界培养了大量的优秀设计师，如被世人永远记住的亚历山大·麦昆 (Alexander McQuenn)、设计鬼才约翰·加里亚诺 (John Galliano)、时尚界的环保主义先驱斯特拉·麦卡特尼 (Stella McCartney)。所以如果你是一位创意无限，视服装为艺术品的设计师，那这里将会成为你实现梦想的地方。

(三) 伦敦时装学院 (London College of Fashion)

伦敦时装学院 (London College of Fashion) 总部位于伦敦市中心的牛津街，1967 年成立，最早始于 1906 年建校的几个学校组合。伦敦时装学院堪称国际时装教育界专业细分最全面的院校，它所开设的近百个专业基本上覆盖了当今整个时装界的每一个细分领域，专业及课程包括时装设计、时装工艺、生产管理、市场营销、品牌管理、视觉行销、时装传媒、时装摄影、美容化妆、鞋类及饰品设计、时装与数码等。在服装设计的教育中注重创意性和实穿性之间的平衡。它非常注重面料改造、印花和结构的创新。著名鞋子设计大师周仰杰（Jimmy Choo）就毕业于伦敦时装学院。

（四）皇家艺术学院（Royal College of Art）

皇家艺术学院（Royal College of Art）于 1937 年建校，是世界最著名的艺术设计学院之一，也是唯一一所在校生全部为研究生的艺术设计大学。学院坐落于伦敦的金斯顿，面对海德公园，毗邻皇家艾伯特礼堂，周边分布着多个学院和博物馆，艺术氛围浓厚。课程讲授者均为国际知名艺术家、从业者和理论家。皇家艺术学院拥有全球最先进的设计导师和优秀的研究资源，并且具备激发优秀创意和智慧的环境。悠久的艺术教育背景和纯艺术氛围，使得该校的服装专业偏重于学术派和学院派。最值得一提的是，教学上不仅注重专业领域的实践能力，同时也注重理论知识的学习。学院最具优势的项目是艺术史、建筑、设计与艺术专业。毕业生中家喻户晓的大家有当代超现代帽饰设计师菲利普·崔西（Philip Tracy）、工业设计师詹姆斯·戴森（James Dyson）、好莱坞大片导演雷德利·斯科特（Ridley Scott）等。

表 3-11　伦敦主要艺术大学及其办学特色

院校名称	院系	特色学科
布鲁内尔大学 （Brunel University）	艺术与设计学院	艺术与表演艺术
伦敦城市大学 （City University London）	Sir John Cass 艺术、媒体和设计学院	艺术媒体和设计
伦敦艺术大学 （University of the Arts London）	中央圣马丁艺术与设计学院	艺术设计与实践相结合
	伦敦时装学院	纺织、服装、美容等专业
	伦敦传媒学院	影视媒体、平面设计等专业

四、科技

当今时代，科技成为驱动产业发展的重要方面，在英国伦敦的时尚产业方面也不例外。据统计，到 2020 年，近 45%的英国人期望通过移动设备购物，然而只有 20%的人愿意使用 TV 或者在现实中进行购物。对于时尚企业来说，科技正在改变他们的商业模式。

无射频识别（Radio Frequency Identification，RFID），是一种通信技术，可通过无线电信号识别特定目标并读写相关数据，而无须识别系统与特定目标之间建立机械或光学接触。RFID 技术在伦敦著名时尚品牌巴宝莉（BURBERRY）中得到广泛应用，他们使用 RFID 显示顾客想要试用的产品信息，这样同样能够帮助企业追踪和管理库存。对于巴宝莉来说，它可以帮助企业及时掌握产品的库存情况，更可以对消费者的偏好习惯了如指掌。

图 3-10　RFID 技术在 BURBERRY 中的运用

伦敦皇家艺术学院设计的防擦伤外套能够有效帮助缺乏身体感知的残疾人知晓他们的身体上是否有伤口。当他们的身体有损伤时，能够在外套上及时显现出来，及时发现伤口破损的位置并进行处理。他们通过把对于压力敏感的薄膜覆盖在衣服表面上，用以显示伤口的严重程度。

图 3-11　防擦伤外套

实时数据分析技术（Real Time Data Analysis）也被广泛应用于时尚行业。以往对于商家来说，最痛苦的事情莫过于产品库存数量变化太快，无法实时把握存货量。通过实时数据分析技术可以分析跟踪实时数据，并预测市场的发展状况，这样能够帮助商家准确把握时尚趋势，决定存货量。这对于商家、设计师、批发商、营销人员都至关重要。虽然这些针对时尚行业的数据分析应用得还不是非常普遍，侵犯顾客隐私的问题依旧存在，但是其重要程度和应用范围还是得到了很多时尚品牌企业的关注。

除此之外，还有很多的电子科技技术运用于伦敦时尚品牌的时尚运营过程中，例如以巴宝莉为代表的知名企业已经开始开发 App，将自己的品牌与电子商务绑定，人们可以在 App 中查询最新产品和售价，并和卖家在线交流；可穿戴时尚在伦敦时尚周层出不穷，来自英国的设计师理查·尼考尔（Richard Nicoll）与迪士尼联合打造的银光水母群艳惊四座；伦敦时尚周用虚拟现实技术（VR）实现零距离观赏最新流行时尚资讯；等等。这些都使得伦敦的时尚产业开始与高科技紧密合作。

五、品牌

伦敦的时尚体现创意与实用并重。创意可以理解为英国众多天才设计师们天马行空的设计思维和高超的制作技艺，实用则更多的是设计师优秀作品在商业层面衍生下的品牌运作。可以说，英国的设计师与品牌之间的关系不同于其他任何一个国家。1966 年约翰·加里亚诺（John Galliano）进入法国担当设计总监，亚历山大·麦昆（Alexander McQueen）、斯特拉·麦卡托尼（Stella McCartney）也先后曾担任纪梵希（Givenchy）、克罗耶（Kroyer）的设计师，许多才华横溢的英国优秀设计师纷纷入驻世界顶级品牌。在品牌的知名度达到一定程度后，他们才纷纷回国建立自己的同名品牌，优秀的才能与创建品牌之间的脱节是他们那个时期的一大问题，后期相关创意机构的建立对这些新人设计师在品牌建立方面起到了一定的扶持作用。此外，伦敦是一座给新人设计师充分展示自己才华的城市，有许多设计师甚至不是学设计出身，如从早期的玛丽·奎恩（Mary Quant），薇薇安·韦斯特伍德（Vivienne Westwood）到现在当红的包袋设计师安雅·希德玛芝（Anya Hindmarch）。2007 年 Anya Hindmarch 凭借售价 5 英镑的 "I am not a plastic bag" 环保包装引领全球环保时尚，进而成功地将她的同名品牌拓展到世界各地。她的成功案例凸显出英国时尚的包容性以及现代品牌运作的成熟度，未经专业训练的时尚人士一样可以在获得机会与认可的同时，进一步建立起具有国际影响力的品牌。设计师是一个品牌的灵魂人物，是使品牌精神得以延续的关键，而行之有效的经营策略更是一个品牌获得成功的重要手段。表 3-12 为英国不同时期的代表性时尚品牌。表 3-13 为英国当代的代表性时尚品牌。

表 3-12　英国不同时期的代表性时尚品牌

创立年代	品牌名称	主要品牌类别	品牌特点
18 世纪中后期	韦奇伍德（Wedgwood）	陶瓷	拥有高贵品质，高度的艺术性和洗练的创业风格
	阿斯普雷（Aspray）	珠宝首饰	高贵的气质和顶尖品质的代名词
19 世纪中期	巴宝莉（BURBERRY）	服装	始终具有英国气质的服装品牌
20 世纪 20 年代	宾利（Bentley）	汽车	生产过程中贯彻着创造卓越，定制车中极品的设计理念
20 世纪 80 年代以前	玛百莉（Mulberry）	包袋	结合实用，注入时尚元素的同时走经典仿古格调
20 世纪 80 年代以后	约翰·加利亚诺（John Galliano）	服装	斜裁技术，极度视觉化的非主流特色，展现其天马行空的创作思维
20 世纪末	周仰杰（Jimmy Choo）	鞋	设计高贵典雅，穿着舒适

表 3-13　当代英国代表性时尚品牌

英国品牌	品牌特点
巴宝莉（BURBERRY）	凭着传统、精谨的设计风格和产品制作，已经成为了英伦气派的代名词
登喜路（Alfred Dunhill）	男士的奢侈品牌，致力于挑战人们对奢华的定义，以及对国际奢侈品牌的定见
保罗·史密斯（Paul Smith）	设计主要以朴实、简单为理念

第三节
国际五大时尚之都——米兰

米兰，这座主导意大利经济、工业的现代都市，现今已是欧洲最受瞩目的城市之一。米兰拥有无数精致的建筑、名牌商店和漂亮女人，有着与历史交织的似锦繁华，也有着隐秘在其背后的沉静与安详。同时，米兰也固守着属于米兰的故事与时尚。在世人的眼里，米兰不仅是一座历史悠久的艺术之城，更是一座蕴含着文艺复兴情怀的艺术殿堂。

图 3-12　米兰大教堂

米兰城市的角落遍布着各种艺术风格的建筑，巴洛克式的门窗，洛可可式的屋顶，哥特式的教堂随处可见。这些古典主义风格同样也融入了米兰的时尚之中。时尚与米兰是两个不能分离的词语，它引领了全世界的时尚潮流，最顶尖的设计师荟萃于此，最富有创意的灵感迸发于此。米兰时装周发布的潮流趋势，辐射到全世界，引领着世界的时尚。米兰展出和销售的时尚产品，传播到世界各地，使全世界的人都能呼吸到带有浓郁米兰古典主义风格的时尚潮流气息。独特的建筑风格，精致的时尚产品，前卫的时尚潮流奠定了米兰名副其实的世界时尚之都的地位。

图 3-13　米兰时装周

一、经济

意大利的国家经济支柱之一就是它的服装工业，全行业的从业人员达到70万人，占就业总人数的约4%。其中，50%集中在毛纺行业，20%集中在高级成衣制作，10%集中在领带制作。意大利的纺织服装，特别是精粗毛纺服装及皮制品因完美的设计、精巧的做工和高技术的后处理而誉满全球。除此之外，意大利的丝绸织造和印染加工技术也十分先进，是世界上最大的印染丝绸和色织丝绸的生产国和出口国。

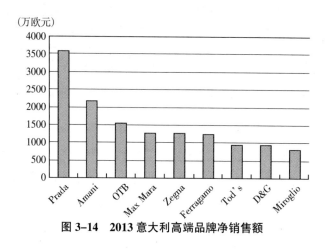

图 3-14 2013 意大利高端品牌净销售额

时装生产行业的公司总数约73060家，销售收入共计约900亿欧元，全职职位近38万个。如果包括批发和零售企业，意大利在该产业的公司总数达28万家，销售收入共计1640亿欧元，雇用劳动力近59万人。

2009~2013年，高端时尚品牌销售增长了43.8%，其中表现最优的是Prada（+129.8%）和Ferragamo（+103.8%），而Miroglio和D&G分别下滑了10.9%和6.7%。

2009~2013年，意大利服装产品出口贸易顺差从不到50亿欧元攀升至超过80亿欧元；纺织品产业虽然持续受到来自低成本国家竞争者的定价压力，但依旧保持稳定，出口贸易顺差约为50亿欧元/每年。

意大利国家统计局公布的数据显示，2015年意大利时尚产业（包括纺织品、成衣及皮革制品）出口增长1.7%，意大利时尚产品出口增长最快地区包括美国、亚洲活跃经济体市场（EDA，包括新加坡、韩国、中国台湾、中国香港、马来西

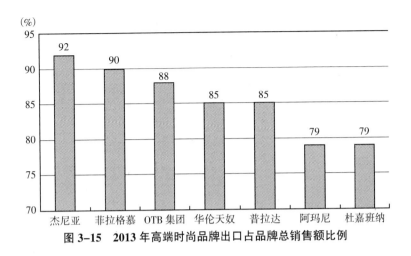

图 3-15　2013 年高端时尚品牌出口占品牌总销售额比例

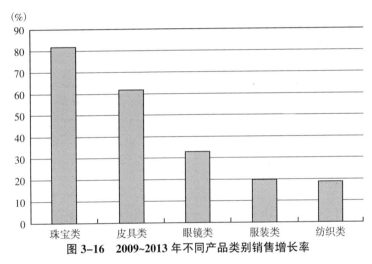

图 3-16　2009~2013 年不同产品类别销售增长率

亚、泰国），增速分别为 17.1%、9.3%。意大利整个时尚产业（包括纺织品、服装成衣、配件）的出口总额是当之无愧的世界第一。

二、文化

时尚不仅是一种信仰与文化的表达，更是民族时代风貌的展示。时尚是米兰的城市名片。无论是小的独立设计师品牌，还是实力雄厚的奢侈品品牌，都体现着米兰的时尚魅力。米兰之所以能够成为时尚之都，与其深厚的时尚文化密不可分。

米兰历史文化悠久，丰富多彩的服饰文化是从古老的时代开始慢慢形成的。

自 1975 年米兰举办第一届高级成衣发布会以来，异军突起的高级成衣走进了辉煌时代。一批年轻有为的设计师开始涌现，设计风格也变得自由多样、绚丽多彩。米兰以表现高雅、简洁的时装为主，吸收和延续了巴黎高级时装的精华，并融合本民族的文化气质，创造出独树一帜的时装风格。从高级时尚到 prêt-à-porter（工业化生产的成衣），从俏皮性感的迷你裙到中性帅气的牛仔裤，这些持续的更新变化过程都体现着米兰时尚的发展变迁。

文化特性是米兰时尚知名的重要原因。在经历了一个多世纪之后，米兰发展出了独特的设计风格。独创性、艺术性、成衣化是米兰时尚风靡全球的原因。大胆利落的高档面料剪裁，加上精致的手工艺传统成就了米兰的成衣文化。米兰时装、鞋子的高级质感以及高级的服装材质和手工技巧，则展示了米兰时尚的精致。在意大利，高级女装的中心在罗马，而米兰则是成衣的王国。

米兰的时尚设计具有技术先进性。现代米兰的时尚设计与意大利的传统文化相结合，延续了意大利精湛的手工艺传统，使得"意大利制造"成为好手工、高品质的代名词。除此之外，米兰设计的最大特点是创新。无论是服装还是鞋子、皮具，每年新推出来的款式中我们很少能看到重样的产品。米兰时装周和各大国际性展会就是流行趋势发布的盛会，通过这些平台，设计师们相互交流借鉴，并不断迸发出新的灵感，开发新的创意，进而引领全世界的时尚潮流。

三、教育

米兰悠久丰富的文化历史传统给予设计师们养分，让其拥有源源不断的灵感。而时尚教育也为米兰储备了一批又一批设计人才和后备力量，使米兰成为国际潮流的引导城市之一。

博科尼大学（Bocconi university）是意大利知名度最高的高等学府之一。米兰音乐学院曾经培养过众多著名的音乐人才，其声名享誉世界。圣玛丽亚教堂修道院是欧洲著名古迹之一，修道院餐厅里的壁画《最后的晚餐》被视为米兰的骄傲。已有 200 多年历史的斯卡拉歌剧院是世界上层数最多、音响最好的歌剧院，成为世界各地著名演员的神往之地。

在米兰，先进制造技术与设计师的工作配合得非常完美，有很多培养年轻设计师的学校。近些年来，意大利极其注重时尚产业后备人才力量的培养，利用人才以"传教士"的方式去传播意大利时尚的精髓，促进人们对意大利时尚的热爱。在意大利，公立与私立的设计院校相结合，私立院校的国际化扩张路线更为

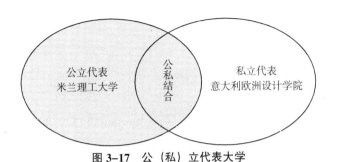

图 3-17　公（私）立代表大学

突出。

　　作为欧洲最大的私立设计学院，意大利欧洲设计学院也是培养人才的重地。这所大学除了在意大利的米兰、罗马、都灵、威尼斯等设立校区之外，还在西班牙设立了巴塞罗那校区与马德里校区。而私立大学中的马兰戈尼学院现已向世界时尚界输送了 3 万多名时尚从业者，其中世界著名时尚品牌公司范思哲和普拉达近 80% 的员工都毕业于此。由此可见，意大利不仅为本国培养了众多优秀的时尚设计人才，也为欧洲乃至全球输送了大量的时尚领军人物。

四、科技

　　大多数的米兰时尚产品传承意大利品牌特有的古典主义风格，以精致独特的手工技艺和卓越的品质闻名世界。很大一部分时尚产品被公认为是意大利的物质遗产，供世人观摩。正是由于该特性，米兰的时尚产品鲜少与新的电子科技相结合。但值得一提的是，目前已经有一些米兰的时尚品牌企业开始察觉到新技术所带来的革新，并开始着手将电子科技融入到其产品本身以及生产过程之中。

图 3-18　T 台展示图

2015 年巴黎时装周的米兰科技展诠释了传统与现代的融合。嘻哈、重金属、摇滚和说唱的创世纪朋克场景在 T 台上得到了完美展示。当灯光关闭时，模特身着带有丰富装饰的闪亮银片开始熠熠发光，其余地方漆黑一片，乳房板块针织交替亦分明可见。

在主题为"植物的乐趣"的巴黎时尚周上，模特所展示的衣服是公司用"烘烤"技术制作出来的。烤拉伸技术，是一种先用特殊的胶水印到织物上，然后使用烘烤技术，通过高温下的胶膨胀，从而塑造褶面料。它就像在烤箱内烤面包，织物被放置在一个烘焙机上来制作成折叠式衣服。另一个引人注目的新的制造工艺，称为"3D 蒸汽拉伸"，这意味着跑道上的衬衫和夹克是使用超薄植物纤维制成的，其展示的服装主要源于公司不断研发各种舒适、适合现代女性的材料。

Anrealage 的 2016 春夏系列展示了用手机捕获图像的场面。品牌的整个演示过程中鼓励观众用闪光灯拍照，揭露隐藏的细节。一件普通的黑色礼服通过霓虹灯照射闪闪发光，清晰的白色短裤和上衣显示出千变万化的样式。在展览期间，模特身着白色夹克站在跑道的中心，水通过刺了洞的天花板从上面倾泻下来，这时模特的外套开始瓦解消失，整个画面就像淋浴一般，每一个设计和细节都让人惊叹。

五、品牌

时尚产业成功的一大要素就是对品牌的管理。米兰的设计风格独特、制作工艺一流，加之悠久的文化沉淀，形成了众多优秀的时尚品牌，以芬迪（Fendi）、范思哲（Versace）、阿玛尼（Armani）、普拉达（Prada）、古驰（Gucci）等为代表。设计师个人的名人效应和时尚品牌的品牌效应吸引着世界各地的时尚拥簇者来到米兰，感受米兰的时尚气息，购买意大利的时尚产品。

米兰的时尚品牌云集、历史悠久，而且在各个品类都有分布，在国际上，这些品牌的知名度也相当高。文化的多元性造就了米兰设计师的开放性。质量和性价比是消费者最看重的，创意和不断推陈出新的产品则是米兰设计师不断追求的重点。在米兰，品牌与设计师之间有着十分密切的联系，大多数品牌是以设计师的个人名字来命名的。有时设计师不仅是品牌的创立者和经营者，还是掌管品牌设计的设计者。表 3-14 列举了不同时期的代表品牌。

表 3-14 米兰不同时期代表品牌

年代	品牌
20 世纪 20 年代以前	普拉达（Prada）、芬迪（Fendi）、古驰（Gucci）、杰尼亚（Zegna）
20 世纪 50 年代	米索尼（Missoni）、克里琪亚（Kerry Gancia）、马克斯·玛拉（Max Mara）
20 世纪 60 年代	贝纳通（Benetton）、华伦天奴（Valentino）
20 世纪 70 年代	贝博洛斯（Mr Bologna）、范思哲（Versace）、阿玛尼（Giorgio Armani）
20 世纪 80 年代	罗密欧·吉利（Romeo Gigli）、莫斯奇诺（Moschino）
20 世纪 90 年代	劳伦斯·斯蒂尔（Lawrence Steele）

表 3-15 代表品牌及其特点

代表品牌类属系列	类属类别	服饰特点
自由费雷（Gianfranco Ferré）	男装、女装、化妆品、香水	面料考究、色彩鲜明，剪裁细致精巧，追求创新的和谐统一，充满奇思妙想，诠释多维的现代生活方式
阿玛尼（Giorgio Armani）	男装、女装、运动装、体育用品、牛仔装、皮饰品、配件、香水、家居饰品	新型面料、做工考究，打破阳刚与阴柔的界限，中性风格突出，纯粹简洁的意大利风格设计
米什尼（Missoni）	针织时装	以针织著称，采用几何抽象图案及多彩线条，制作优良，色彩搭配鲜亮，有着强烈的艺术感染力
范思哲（Versace）	男女成衣、手表、配饰、香水、家居用品	兼具古典与流行气质，设计风格鲜明，色彩鲜艳、性感迷人，不对称斜裁的流畅线条使其突出了身体的优美曲线，又带有歌剧式超现实华丽
普拉达（Prada）	男女成衣、皮具、鞋履、眼镜及香水，并提供量身定制服务	风格简约舒适，简洁、冷静的设计风格成了服装的主流
古驰（Gucci）	时装、皮具、皮鞋、手表、领带、丝巾、香水、家居用品及宠物用品	以高档、豪华、性感而闻名于世，是轻松闲适的写意派，儒雅、精致的代名词
芬迪（Fendi）	皮草用品，高级时装，时尚包具，男女配饰及香水	以皮革及毛皮服饰起家，糅合了精细的手工、崭新的质料、无拘无束的创意，使其着装无可挑剔
华伦天奴（Valentino）	高级定制服、成衣、配饰、包袋、鞋履、小型皮具、腰带、眼镜、腕表及香水	充满玩味的时尚元素、精美无比的用料精美奢华，提供多种款式，追求时尚与经典的融合

　　传统上的"品牌"一直与高级时尚的社会经济地位相联系，近年来时尚品牌也经历了一个"民主化"的过程。首先，社会财富的增加使大部分消费者都具备了购买大公司生产的服装的能力，这一过程主要体现在 20 世纪 80 年代米兰设计师如阿玛尼、范思哲所设计的服装都为大众所接受并喜爱。其次，中端时尚产

品的生产公司也开始注重自身的品牌建设和设计风格的提炼，开始实施中低端品牌战略。贝纳通无疑是这方面的先锋，通过生产外包极大地降低成本，能够将更多的资源用于提高品牌的附加值上。中低档产品的品牌化是意大利米兰时装生产企业的战略之一。实践证明，这一战略促进了米兰服装业的成功，同时米兰的时尚产业也为其他国家提供了一个可资借鉴的成功模式。

总体来讲，米兰时尚是集古老、传统、民族、历史的精华与现代风格于一体的完美融合，对于米兰来讲，时尚不仅是流淌在血液里的基因，更是一种追求潮流的生活态度。

第四节

国际五大时尚之都——纽约

纽约是一座世界级国际化大都市，直接影响着全球的经济、金融、媒体、政治、教育、娱乐与时尚界。作为世界时装之都中的后起之秀，纽约对全球的时尚产业同样产生了巨大的影响。

一、经 济

纽约市是世界三大金融中心之首，也是世界的经济中心，被人们誉为世界之都。根据美国联邦政府的报告，截至 2013 年底，纽约市的所有财产总值为 879 万亿美元。在世界 500 强企业中，有 73 家企业位于纽约。曼哈顿是世界上最大的 CBD 及摩天大楼集中地，2013 年纽约 GDP 超越东京，现位居世界第一。人均 GDP 为 13.88 万美元，居世界城市第一名。

二、文 化

（一）纽约的人文地理

纽约位于美国东部海岸，地处哈德逊河口，濒临大西洋。纽约有着便利强大的海陆空交通运输系统，由此与美国各地和全世界形成紧密的关系网络，奠定了其全球重要航运交通枢纽及欧美交通中心的地位。纽约的交通和航运为纽约市带来方便快捷的人流和物流以及随之而来的信息和资本，纽约的影响力也因此快速辐射到全美国乃至全世界，是纽约成为时尚之都的重要支持系统之一。纽约是一个典型的移民城市，庞大的人口数量为纽约的时尚产业提供了大量的人才、劳动力和基本消费群，多元的移民文化成为纽约时尚的特色内涵和创新动力。纽约不仅是美国的经济中心城市，更是世界的经济中心之一。纽约有着发达的商业和浓厚的商业氛围，其商业体系也十分完善，曼哈顿中城区是著名的商业和时尚消费区。纽约的服装、化妆品等行业均居美国首位。纽约本身的经济实力使其产生了旺盛的时尚需求。作为美国经济的中心，多元化的移民成就了纽约自由开放的商业氛围，同时吸引了世界最好的时尚设计营销人才集聚于此。纽约的时尚之都地位自然形成。

（二）纽约的社会文化

纽约是美国文化的旗帜。纽约因贸易而生，为移民而建，发展形成了独特的商业文化和移民文化的交融，又衍生出纽约式的娱乐文化和艺术，构成纽约奇特的社会文化背景。纽约的创新文化特色在于其大众化、民间化、生活化、实践化和自由多样，这一特殊性形成了充满活力的、开放性的城市文化，也形成了美国独特的现代主义的艺术风格。纽约是高雅艺术和大众艺术的混合物，既有百老汇和古典乐，又有地下音乐和街头行为艺术，还是好莱坞电影首映式的首选之地。

（三）纽约时尚产业的发展阶段

纽约的时尚业在城市的发展过程中发挥了重要作用。以服装业为主的时尚产业的发展阶段不仅与城市进步相互映射，服装产业发展的一些关键时间节点也成为时尚产业分期的基本依据之一。表 3-16 介绍了纽约的时尚产业形态和空间组织。

表 3-16 纽约的时尚产业形态和空间组织

阶段	产业形态	空间组织
成衣兴起（19 世纪 60 年代至 20 世纪初）	设计来自巴黎，由于材料和自动化生产系统限制，产品无法完全复制血汗工厂（sweatshops）	集中在曼哈顿岛下东区（Lower East side），特别是 Bowery 和 Chathan
产业集聚（20 世纪 20~30 年代）	设计效仿巴黎，但已开始鼓励自主设计基本完成定制到成衣的转型，出现"批发商"表演艺术和时尚的结合	零售业北移制造商区位转移，集中在曼哈顿中城西侧服装区出现
设计显露（20 世纪 40 年代至 60 年代早期）	设计加强，时尚地位在国际上得到提升产业内各部门合作加强（如材料商和设计师的合作），时尚教育得到发展	标准化生产活动转移至新泽西州和宾夕法尼亚州产业的低端部分迁出纽约服装区

续表

阶段	产业形态	空间组织
时尚进化（20世纪70年代至今）	设计师运营自有品牌，设计变得越来越重要 20世纪80~90年代，广告和LOGO成为产品市场化的重要工具，近年媒体的引导作用下降，从介绍趋势转化为鼓励个性化消费 后福特式生产，市场进一步细分 社交活动增多，产业从商业模式转向艺术模式	打板等与设计紧密相连的部门、高端产品、设计敏感部分留在当地，装配和低端生产转向第三世界国家 "血汗工厂"再度出现在纽约"中国城"

资料来源：根据 Rantisi（2004）整理所得。

（四）纽约的文化机构

时尚产业是引领经济发展的最重要行业之一，体现在文化、科技、创意设计等软实力方面，一定程度上代表着城市的综合竞争力。政府方面自然是全力扶持，纽约之所以发展为时尚之都，与纽约市政府的相关政策是密不可分的。纽约从最初的地区贸易中心，到服装制造城市，再到公认的时尚之都，其每一步的发展都离不开相关协会的努力。

表3-17　纽约时尚之都的表现形式

表现形式	纽约
时尚创意人才培养机构	普瑞特艺术学院（Pratt Institute Brooklyn）、纽约时装学院（Fashion Institute of Technology）、帕森斯设计学院（Parsons School of Design）、视觉艺术学院（School of Visual Arts）
设计与研发机构	美国服装设计师协会（CFDA）、美国服装鞋类协会、美国色彩协会等
时尚创意产业园区	曼哈顿的SOHO区
时尚杂志	"Vogue"
法律保障	《版权法》、《兰哈姆法》、《专利法》
高度发达的会展业	纽约时装周、纽约大都会艺术博物馆慈善舞会（Met ball）
快速反应系统	由大规模生产向大规模定制和快时尚转变

资料来源：根据颜莉（2012）整理所得。

表3-18　纽约市政府的相关政策

不同时期	纽约市政府的相关政策
第二次世界大战前	贸易保护政策主要是关税措施
第二次世界大战后	采用配额作为非关税壁垒，对美国的纺织服装生产进行贸易保护
WTO背景下	采取反倾销与保障措施 在2004年底《多种纤维协定》（Multi-Fiber Agreement，MFA）消亡后，反倾销和紧急保障措施成为美国对纺织服装业进行贸易保护的主要手段
2008年	纽约市政府积极应对金融危机的打击，意图拉动时尚产业增长，巩固其作为时尚之都的地位

续表

不同时期	纽约市政府的相关政策
2009 年	纽约市政府实行扶植纽约市时装批发业发展的方案，吸引全世界的零售商 纽约市政府批准 2010 年时尚周在林肯中心的户外广场举行，容纳更多的参观者，以增强纽约时尚的影响力 纽约市政府出台五区经济振兴计划，复苏经济，提高消费水平
2015 年	纽约市长白思豪发布了一系列措施打造纽约新形象。最新的"数字纽约计划"旨在通过公共部门和私人企业的合作来推动地区科技的发展，同时，为了引入科技公司，政府还为他们提供资源。现任的市长依然给予科技公司大量的税收优惠，希望更多的科技公司进驻纽约

资料来源：根据卞向阳（2010）整理所得。

纽约时尚体系建设归因于零售业对时装设计师的推介、媒体与时尚出版业态度的转变、服装产业工会的介入、政府的支持以及设计师地位的转变。图 3-19 介绍了纽约时尚体系的构架图。

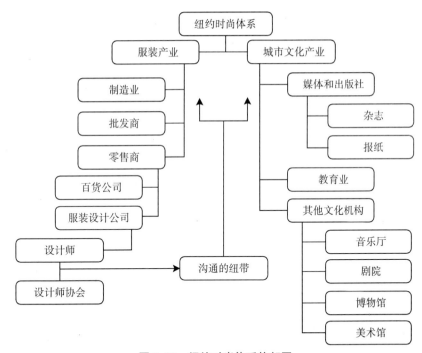

图 3-19 纽约时尚体系构架图

资料来源：根据王颖頔（2011）整理所得。

三、教 育

纽约时装业的快速崛起在一定程度上得益于对时尚教育的高度重视。全市目前拥有 8 所专门从事时尚教育和研究的院校。纽约是一座具有美国文化背景的时尚城市，在这座城市里，林立着 20 所高等教育学府及研究机构，其中更有多所时尚界名人辈出的艺术设计类院校，它们为纽约时尚界增添了新鲜血液。普瑞特艺术学院（Pratt Institute Brooklyn）、纽约时装学院（Fashion Institute of Technology）、帕森斯设计学院（Parsons School of Design）、视觉艺术学院（School of Visual Arts）并称为"四大艺术设计学院"。这四所时尚顶级学院为纽约时尚界培养了大量人才，被看作纽约时尚的灵感发源地。

表 3-19　纽约四大设计艺术学院的比较

院校	成立时间	特点	著名设计师
纽约时装学院（Fashion Institute of Technology）	1944 年	在教学上强调理论与实践紧密结合，充分利用纽约时装业提供的丰富资源和教学实践机会，让学生到遍布全市的时装设计室、展示厅和时装企业参观学习，以实地考察的形式，帮助学生了解行业发展，感受城市文化；师资队伍十分专业，学校聘请行业内部的时尚领袖担任讲师，学校也会定期邀请业界的名流来学校演讲，把最新的科技和最前沿的时尚引入到课堂教学中来	迈克高仕（Michael Kors）、卡尔文·克雷恩（Calvin Klein）
帕森斯设计学院（Parsons School of Design）	1887 年	其著名的时尚部门位于市中心的制衣区 时尚气氛更加商业化、实用化 三大著名的图书馆，位于纽约市第五大街 提供各方面的专业设计课程，提供学生在专业及实务经验上的学习，给予学生多样化的设计概念，并且让学生学习到独自及团体设计上的实务经验及理念，多半学生会有兼职的设计工作机会	安娜苏（Anna Sui）、马克·雅可布（Marc Jacobs）、汤姆·福特（Tom Ford）、唐纳·卡兰（Donna Karan）、王大仁（Alexander Wang）、扎克·珀森（ZacPosen）
普瑞特艺术学院（Pratt Institute Brooklyn）	1896 年	以设计见长，渐成为纽约时尚潮流的灵感来源；重点在于培养学生发现问题的洞察力和解决问题的能力	杰瑞米·斯科特（Jeremy Scott）
纽约视觉艺术学校（School of Visual Arts）	1947 年	着重教授学生视觉交流技巧，为学生找到有丰厚收获的事业开启大门 学生将对比例、质感、对称、压力、线条、色彩、色调、平衡、对比、图案以及观点有所理解	米登·克雷泽

四、科技

"时尚"与"科技"原本就像两条平行线,现在开始慢慢产生了交集。科技公司认为时尚能为其注入新鲜血液,让科技产品变得更前卫和多样。而一些时尚公司、设计师也开始将新科技元素带入时尚产品之中。时尚与科技相互融合,为未来开创新的篇章。

(一)时尚材料

科技改变时尚,衣服的材质能使衣服发光。真正能让裙子在暗夜里亮起来的高科技不是 LED 灯,而是扎克珀森用了一种光学纤维织出来这种会发光的欧根纱面料。

图 3-20 Claire Danes 的扎克珀森礼服

资料来源:http://www.v2gg.com/quanzi2016/chengshiquanzi/20160504/42381_2.html。

(二)可穿戴时尚

1. 智能时尚首饰

美国的轻奢手袋品牌 Rebecca Minkoff 推出的智能手镯,手镯可以通过蓝牙与智能手机关联;其中一款具备消息通知功能,用户可以提前设置需要提醒的联系人,当手机收到其来电或短信时,手镯就会振动提醒用户。这款手镯兼容苹果手机和安卓手机,如果接到某一个特定好友的电话或者短信,手镯将会振动。一次充电可以使用 30 天,因此无须经常担心电池续航问题。而另一款手镯功能类似移动电源,iPhone 电量低时可以连接其 Lightning 接口充电。这两款智能产品具有科技功能和时尚外观，可满足用户的双重需求。

图 3-21　瑞贝卡明可弗的智能手镯

资料来源：http://www.toodaylab.com/67882.

2. 服装镭射切割技术

2014 年亚历山大·王春夏系列运用了镭射切割技术。现有的自动视觉追踪切割系统在传统的人工对位切割的基础上前进了一大步，能够根据对位点来自动定位切割。自动识别寻边切割系统，能够依据所织商标图形的边缘，自动生成切割路径，并准确地利用激光沿边切割。还能够自动定位，对刺绣图形中的图案进行切割打孔，从而根本上解决了对位问题。在时尚产品开发阶段运用镭射切割技术不仅使服装裁剪更为精确，而且更具时尚感，带来前卫的视觉效果。

图 3-22　2014 年亚历山大·王春夏系列

资料来源：http://www.zhihu.com/question/26017810.

案例 3-3：可穿戴的 3D 打印服装，将科技和时尚融合

2013 年，纽约设计师 Francis Bitonti 与服装设计师 Michael Schmidt 合作发明了世界上第一款 3D 打印礼服，将原本坚硬的塑料材质变得流畅并且贴合身材曲线，创造出外形与视觉效果皆相当前卫新颖的服装，并由 Dita Von Teese 亲自穿着示范，在当时不仅让时尚界看到了时尚与科技结合的惊人火花，也让世人认识到这项先进技术的无限可能性。

3D 打印礼服

资料来源：http://www.weimeixi.com/sheji/2014/1028/39678.html.

2016 春夏 3D 打印服装

Iris Van Herpen 一直坚持使用 3D 打印和镭射切割面料，从服饰到配饰你都能看见这种充满未来感的设计。2011 年，她的 3D 打印裙还被《时代》杂志评为当年的 50 大发明之一。

案例 3-4：智能可穿戴设备

智能可穿戴设备越来越多地朝着"无感可穿戴"方向发展，衣物将成为最无累赘感的智能款穿戴产品。美国本土品牌拉尔夫·劳伦（Ralph Lauren）推出的"智能 T 恤"，采用 second skin 技术，将银感应纤维内置于 T 恤中，这种银质的面料能够很好地抑制细菌滋生和生长，T 恤上布满生物传感器，可以通过和 iPhone 蓝牙连接，实时读取用户的心率、呼吸深度、卡路里消耗、步数等数据，直接呈现在 App 中形成图表和分析报告，并能给出用户锻炼或者减肥的建议。

拉尔夫·劳伦智能 T 恤

资料来源：http://soft.newhua.com/2015/0824/301808.shtml.

（三）跨界合作时尚

时尚跟科技界越发关系暧昧，绰迈特就是很好的佐证。绰迈特被人称为是一款"建筑运动"品牌，该品牌的合作伙伴是半导体芯片和处理器制造巨头英特尔公司。绰迈特时尚品牌与英特尔公司的工程师紧密合作，开发整合了嵌入 Curie

模块的运动裙和运动文胸。Curie 模块是一款非常小的硬件设备，其中配置了电池、运动传感器以及无线连接器。绰迈特 Aeros 运动文胸使用了 Curie 传感器，它可以测量你的体温级别，如果你的体温过高，这款文胸就会打开衣服里的"通风口"，给你降温。此外，使用 Curie 模块的裙子可以监测肾上腺素和压力级别，如果它感测到你的压力过高，就把衣服放宽松一些。

图 3-23　绰迈特运动文胸和运动裙

资料来源：http://toutiao.com/i6196798953771074050/.

纽约大都会艺术博物馆慈善舞会于每年的 5 月初举行，是时尚界最隆重的晚会，每年的慈善晚会红毯部分都被誉为"时尚界奥斯卡"。每年的 Met Ball 由 VOGUE 和赞助商共同承办，其嘉宾涉及很多在时尚界和影视界具有影响力的人物，每年的 Met ball 主题都会在当年引起巨大的风潮。

2016 年纽约大都会时尚盛典的主题是探寻时尚的科技时代。围绕着 3D 打印技术、回收塑料材质、微芯片、激光切割技术等，虽然看起来只是美丽的礼服，实际上却是充满了"未来感"的先进科学技术。

图 3-24　3D 打印服饰和镭射切割服饰

资料来源：http：//fashion.qq.com/a/20160427/007853.htm.

五、品牌

纽约的时尚品牌多为设计师本人所创立，品牌名称以本人的名字命名，独具一格的美式设计和上等的材质、精美的做工，使纽约的时尚品牌已经成为其必不可少的身份特征。独具匠心的创意和带有美国文化气息的设计使得这些品牌在全球拥有了庞大的消费群体和爱好者。表 3-20 列出了美国不同时期的代表品牌。

表 3-20　美国不同时期的代表品牌

时间	代表服装品牌
20 世纪 60 年代	蔻驰（Coach）
20 世纪 60 年代末	安妮·克莱因（Anne Klein）
20 世纪 70 年代	卡尔文·克莱恩（Calvin Klein）、拉尔夫·劳伦（Ralph Lauren）
20 世纪 80 年代	唐娜·凯伦（Donna Karan）、马克·雅克布（Marc Jacobs）、迈克高仕（Michael Kors）、安娜·苏（Anna Suis）、马克·雅可布（Marc Jacob）、汤姆·福特（Tom Ford）
20 世纪 90 年代	汤米·希尔费格（Tommy Hilfiger）
21 世纪	汤丽柏琦（Tory Burch）

美国时尚服装风格以极简、利落的实穿主义，通过休闲的舒适、运动的灵活，赞美精英文化与健康时尚，少了刻意的大都会浮华，更表现了一个结合"工作"与"娱乐"，享受生活每个细节、每个时刻的着装态度和生活形态。表 3-21

列出了纽约最受欢迎的本土服装品牌。

表 3-21　纽约最受欢迎的本土服装品牌

品牌名称	品牌特点
Ralph Lauren （拉尔夫·劳伦）	拉尔夫·劳伦是时装界"美国经典"品牌。拉尔夫·劳伦是有着浓浓美国气息的高品位时装品牌，款式高度风格化。设计融合幻想、浪漫、创新和古典的灵感呈现，所有的细节架构在一种不被时间淘汰的价值观上
Calvin Klein（CK） （卡尔文·克雷恩）	CK 是美国第一大设计师品牌，简单的线条与内敛的设计，创造出一种舒适愉快的穿衣感受，加上因样式简单而具备易于大量生产的优势，深受当时都会中上阶级的品位人士喜爱
Donna Karan （唐娜·凯伦）	追求时髦，讲究个人品位，是表现成熟稳健的现代感的最佳选择
Michael Kors （迈克高仕）	该品牌拥有强烈的极简主义，设计的风格简约明朗，体现美式的休闲风格；喜爱运用高级面料缝制服装，开司米针织款式是其拿手好戏；还擅长设计名贵运动服
Marc Jacobs （马克·雅可布）	"浪人时尚"的设计哲学，融合了波西米亚风格，英伦浪漫主义风，反叛的时尚态度的服装散发着一份随意的年轻女孩的味道；擅长使用夸张配饰来增添复古甜蜜气息，用服饰混搭来制造出丰富的层次感
Tory Burch （汤丽柏琦）	实际可行的奢侈生活方式品牌，源于经典的美国运动时装风格，充满无拘无束的活力与感觉
Tom Ford （汤姆·福特）	风格经典而兼具现代感，2013 年的短裤裤腿设计代表了最新的男装潮流，刚刚到脚踝部分，不同于七分裤的休闲模式，也不至于太过严肃

美国拥有世界上最发达的传播媒介系统。美国媒体涵盖了所有主要的形式，包括电视、广播、电影、报纸、杂志和互联网。美国发达的媒体系统促进了时尚行业的发展和传播。表 3-22 为纽约的主流时尚媒体。

表 3-22　纽约主流时尚媒体

时尚媒体	创立时间	影响力
Hollywood	1853 年	好莱坞不仅是全球时尚的发源地，也是全球音乐电影产业的中心地带，拥有世界顶级的娱乐产业和奢侈品牌，引领并代表着全球时尚的最高水平
"VOGUE"	1982 年	杂志内容涉及时装、化妆、美容、健康、娱乐和艺术等各个方面，被誉为"时尚圣经"
《纽约时报》	1851 年	在全世界发行，有相当的影响力，美国高级报纸、严肃刊物的代表，长期以来拥有良好的公信力和权威性

在时尚行业中，服装和化妆品是密不可分的，秀场上的模特通过服装和化妆品的完美修饰才会有出彩的效果。美国大多数化妆品品牌的总部设在纽约。表 3-23 列出了纽约主要的化妆品品牌。

表 3-23　纽约主要化妆品品牌

品牌名称	品牌特点
ESTÉE LAUDER （雅诗兰黛）	以抗衰修护护肤品闻名
Kiehl's（科颜氏）	拥有美容、药学、草药及医学相互结合的专业知识背景及经验，代代相传以研发出 Kiehl's 独特的配方，并融合最新的科技，制造出各项特别的保养产品
BOBBI BROWN （芭比·波朗）	以干净、清新、时尚的理念闻名于世，革命性首创的自然妆概念
MAYBELLINE NEW YORK（美宝莲）	美宝莲产品十分丰富，是针对城市肌肤，以种子为配方的护肤产品，从大自然探寻小肌肤的净化力量

　　纽约作为世界时尚之都，是世界珠宝首饰的方向标。这里不仅有最奢侈的私人定制珠宝品牌，还有物美价廉的大众珠宝品牌。纽约时尚珠宝的发展推动了纽约时尚之都的建设。表 3-24 和表 3-25 分别列出了纽约主要的珠宝品牌和腕表品牌。

表 3-24　纽约主要珠宝品牌

品牌名称	珠宝特点
Harry Winston （哈利·温斯顿）	享誉全球超过百年的超级珠宝品牌，在切割钻石上的精湛工艺与周密谨慎的考量，总能让钻石转手增加数倍的价值
Tiffany & Co. （蒂芙尼）	珠宝界的皇后，以充满官能的美以及柔软纤细的感性满足了世界上所有女性的幻想和欲望
T J 麦克	复古的风格，也非常个性

表 3-25　纽约主要腕表品牌

品牌名称	腕表特点
Fossil（化石）	以务实赢得普通商务人士及年轻人的喜爱，它结合美国社会的多元化，时尚、潮流的风格为其目前主攻方向
Guess（盖尔斯）	赋予牛仔商品新面貌，成为一个不受时间影响、新鲜时髦的恒久性感表征品
LIBER AEDON （励柏艾顿）	运动时尚腕表品牌，兼顾商务、休闲等多重元素，致力于为美国年青一代提供精准、专业、时尚、质优价廉的运动腕表
Tommy Hilfiger （汤米·希尔费格）	个性而不张扬，简单却不平凡，这种崇尚自然、简洁的风尚，无不渗透出青春的动感活力

　　美国钟表文化异军突起，呈现出另一种独立特性的风格，备受新贵追捧。美国人骨子里自由、随意的性格，赋予了美国腕表特有的时尚、简约、实用的风格，美国的钟表品牌几乎都走时尚、运动、休闲的路线，受到美国大众的追捧。

第五节
国际五大时尚之都——东京

作为国际五大时尚之都之中唯一的一个东西交融的东方城市，东京的时尚不仅蕴含了东方的气质，也融合了西方文化的特点，在创造了其多元化时尚风格的同时，也引领了现代时尚的新概念。在五大时尚之都中，东京服装产业的发展并不突出，但是时尚产业不仅包含服装，也包括了很多其他产业，如东京繁荣的动漫、电子、建筑产业，所以东京能被列为国际五大时尚之都之一，是有其独特优势的。

一、经 济

近些年，随着社会的发展，日本居民的消费能力迅猛提升，许多国际品牌不断涌入日本。特别是 20 世纪 70 年代后，日本通过完成工业化目标，逐渐成为一个世界经济大国。同时，日本的服装产业结构也通过不断调整得到飞速发展，在提高自身竞争力的同时，一批批纺织服装品牌开始在国际上崭露头角。2015 年，日本居民消费价格指数达到 103.6（2010 = 100），同比上年上升了 0.8%（见图 3-25）。2016 年 6 月，日本居民消费价格指数为 103.3（2010 = 100），比上年同期下降0.2%，比上年全年下降 0.4%。

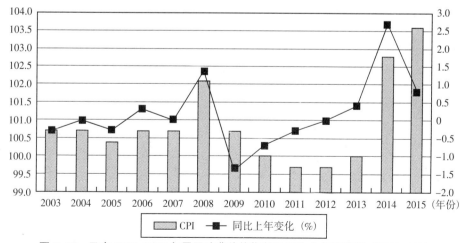

图 3-25 日本 2003~2015 年居民消费价格指数及同比上年变化率（2010=100）

东京是日本的首都，亚洲第一大城市，也是日本最大的经济中心。东京作为世界金融中心城市之一，对世界经济具有巨大的影响力。2009 年，东京的第三产业占比已超过 70%。除此之外，东京作为日本重要的时尚产品消费市场，为时尚产业的发展做出了很大的贡献。2005~2015 年，受美国次贷危机的影响，东京的总体居民消费价格指数较为波动，但从 2012 年开始逐渐提升，其中服装和鞋类产品的居民消费价格指数也随整体经济的变动而变化，近几年不断呈现上升趋势。2016 年 7 月，东京的居民消费价格指数为 101.5（2010＝100），同比 6 月下降 0.2%，比上年全年下降 0.4%，其中服装和鞋类产品的居民消费价格指数为102.0，同比 6 月下降 2.4%，比上年全年提高了 2.3%（见图 3-26 和图 3-27）。

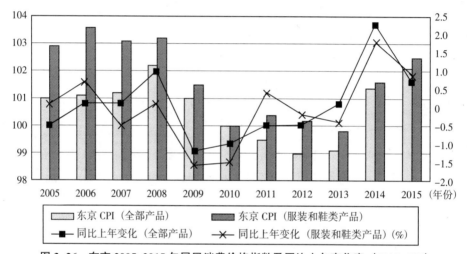

图 3-26　东京 2005~2015 年居民消费价格指数及同比上年变化率（2010=100）

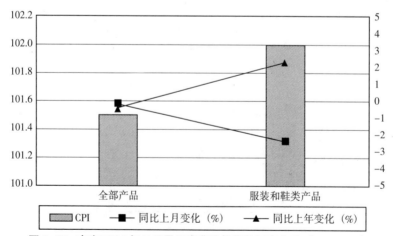

图 3-27　东京 2016 年 7 月居民消费价格指数及变化率（2010=100）

资料来源：日本统计局（http://www.stat.go.jp/）；东京都统计（http://www.toukei.metro.tokyo.jp/）。

二、文化

东京作为一个经济实力雄厚的城市，在经济高速发展的同时，其时尚产业也得到了迅速发展，而东京时尚产业能够快速发展，与日本深厚的文化底蕴是密不可分的。正是因为东京能够将其本土文化与西方文化很好地融合，才造就了如今东京多元化的文化内涵和时尚风格。

（一）文化底蕴积淀时尚风格

在日本服装设计师崭露头角之前，世界服装的发展一直处在融合的大形势下，以欧美服饰样式为主导的经济和文化扩张影响着世界服饰的格局。在这样的趋势下，20世纪70年代，以高田贤三（Kenzo）、山本耀司（Yoji Yamamoto）、三宅一生（Issey Miyake）以及川久保玲（Rei Kawakubo）等人为代表的一批日本服装设计师却以他们富有想象力的独创性作品，在国际顶级时装界占有一席之地。日本服装设计师能够突出重围，赢得世界时装业界的尊敬和认可，与日本多元的文化内涵息息相关。日本设计师往往以东方的传统文化为灵魂，以东西方裁剪和样式相结合的方式创造出风格独特而前卫的作品。

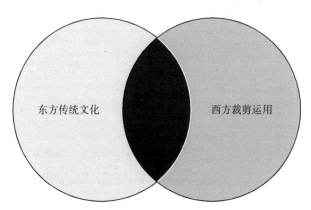

图 3-28　东西交融的东京文化

1. 以东方文化为内在灵魂的时尚

东方文化史学者邱紫华在《东方美学史》中提到："日本地理环境中有三个基本因素对于形成日本文化模式有重要的影响，这就是森林、海洋和农耕。"

日本多森林，植被覆盖率极高，森林在日本人的生活中起着不可忽视的作用。森林在四季变换中表现的千姿百态不仅有助于日本人对寂静、闲适之美的感受，而且还促进了日本人对事物色彩敏感度的培养和独特审美方式的形成。所以，日本设计师作品中所表现出的和谐、宁静的设计理念，同森林环境是密不可分的。而日本人对大海的冒险和征服欲也在很大程度上成就了日本人勇猛好斗的性格，大海的浩瀚和汹涌也促成了日本人对狂暴精神的追求。

日本人的生活离不开森林和海洋，森林的优雅与海洋的浩瀚早已融入日本人的精神，从而构成了日本文化的内涵。此外，日本悠久的农耕文明也促成了日本人对季节时令变化的敏感和对自然之美的追求。日本人对传统神道的信仰使日本的传统艺术具有简洁、干净的特点；日本人对佛教的信仰，形成了日本人俭朴、单纯并且喜爱非完整、非规则的美学特点。

总的来说，日本人重视细节、重视自然，追求简单、朴素。正是日本的地理位置和东方美学观念的融合，日本设计师才在作品中开辟了一条新道路。日本设计师的设计灵感往往来自日本美学中的不规则和缺陷文化，并对作品赋予了一种内在、深邃的反思。

2. 以西方文化为外在表现的时尚

在日本设计师的服饰作品中，不对称的领型与下摆等屡见不鲜，而服装穿在身上后也会跟随体态动作呈现出不同的风貌。山本耀司作品中静穆的黑色、三宅一生衣服造型上的虚实大方显示的是东方哲学中无为寡欲的理念，川久保玲的残破无序颇有日本传统"海洋文化"狂暴精神的遗风，而高田贤三作品中清新淡雅的花卉图案、自然清丽的色彩氛围，无不体现了"自然天成"的美学。他们的一个共同倾向就是不像西方设计师那样华丽炫目、性感撩人。虽然很多日本设计师都曾在西方学习时装设计，但是他们并未被西方的观念同化。他们喜欢从传统的日本服饰中汲取灵感，而非对称的外观造型，是日本传统服饰文化中的精髓，因此这样不规则的形式不会显得矫揉造作，却让其作品看起来自然流畅。

日本新鲜而古老的东方文化既吸引了西方人的眼球，又迎合了东方人的审美观念。因此日本设计师们的作品一方面以东方精神为内在灵魂，另一方面又娴熟地运用了西方的裁剪和样式，将二者有机地结合起来，从而创作出了既时尚又富有东方情怀的多元化作品。

（二）文化活动成就时尚产业

表 3-26 东京时尚产业的文化表现

表现形式	地点/主题	特色
时尚产业聚集地	日暮里	布料服饰批发街，布料主要以零售为主，顾客可以根据需要购买布料
	秋叶原	现在的动漫圣地，曾经的电子产品聚集地，周边开设了许多动漫专卖店，是动漫爱好者的大堂
时尚区域	涩谷	反映超强时代趋势的商业街，是东京有名的繁华地区。在这里有西武百货店、PARCO、丸井等百货公司，以"年轻人之街"而闻名
	原宿	竹之子族和哥特式少女装均起源于这里，是日本潮流时尚的发源地
	表参道	高级时装店的汇聚地，是名副其实的高品位商业街
	银座	汇集了国内外的名牌和老字号，是全日本最有名的商业街
	里原宿	有许多与一般民宅外观无异的服饰商店，吸引了许多逛街时不喜欢他人干涉的年轻人
时尚活动及展会	东京时装周	注重东西方文化的融合，形成了兼容并蓄的时尚风格
	东京动漫展	全球最有影响力的动漫展
	日本高新技术博览会	亚洲和日本国内电子、通信领域最具代表性、规模最大的电子通信博览会

三、教育

日本政府重视设计产业，重视教育。早在 1994 年，日本的设计人员和每年设计专业毕业的人数均居世界第一位，而且其中的 90% 以上日后都从事与设计相关的职业。20 世纪五六十年代，全日本已有 1000 多所各种类型的服装学院。像日本最著名的东京文化服装学院已有 90 多年的历史，培养了数以十万计的毕业生，活跃在世界各地的服装领域，已经成为具有较大影响力的世界服装人才培养中心。

表 3-27 东京著名时尚类教育院校

院校名称	成立年份	与时尚有关的特色专业和方向
日本文化服装学院	1919 年	提供设计、市场营销等相关课程
东京艺术大学	1949 年	设计、艺术学、绘画、建筑、美学
Mode 学园	1966 年	时装设计、时装技术、时装商务、设计师

东京文化服装学院最早成立于 1919 年，是日本首家创办服饰教育的学校，办学目标是"培养活跃于日本乃至世界服装产业界的人物"，有许多活跃于世界时装界的日本设计师都毕业于东京文化服装学院，目前投身于时尚业的毕业生超

过 30 万人，综合目前的世界大学专业排名来看，东京文化服装学院在世界服装设计领域排名世界前三，在业内可谓是具有较高的权威性。学校专业设置包括服饰专门课程、时尚工科专门课程、时尚流通课程、时尚工艺专门课程等。知名校友包括著名设计师高田贤三、山本耀司，时装设计师长尾智明、藤原浩、渡边淳弥、小筱顺子等，设计师铃木道子、丸山敬太等。

著名设计师高田贤三，在东京文化服装学院毕业后，游遍世界各地，并很快于 1970 年在巴黎开始了他的创业之旅，创立了其同名品牌"KENZO"。KENZO 结合了东方文化的沉稳意境、拉丁民族的热情活泼，创造出活泼明亮、优雅独特的作品。

图 3-29　日本著名设计师高田贤三及同名品牌 KENZO

四、科技

科技在东京时尚之都的发展过程中发挥了不可忽视的作用，东京的时尚科技一直走在五大时尚之都的前列，从最初引领全球潮流的时尚电子产品，到如今在时尚科技上的技术创新、可穿戴时尚，都稳固了东京时尚之都的地位。下面我们将从技术创新和可穿戴时尚两个方面介绍东京的时尚科技。

（一）技术创新

日本时尚品牌优衣库在澳大利亚的实体店率先推出了一套叫做 UMOOD 的智能选衣系统。顾客坐在特定的大荧幕前，带上一款特制的耳机，屏幕上会播放一些视频和图片。在顾客浏览这些信息时，UMOOD 就会记录下顾客观看时的脑电波，根据一系列算法来了解顾客的情绪喜好，并从库存系统中推荐一些适合且迎合顾客喜好的服饰、配件给顾客。RealSense 的价值可能在于能为顾客匹配相对适合的服装，通过"3D 模型"为顾客进行筛选，这一定程度上节省了企业建造试衣间的成本，也使顾客能够快速试衣，节省时间，提高顾客服务水平和满意度。

图 3-30　优衣库 UMOOD 智能选衣系统

资料来源：http://www.uniqlo.com/.

（二）可穿戴时尚

1. 可穿戴设备

Recon 公司发明了智能 Jet 运动眼镜。这款眼镜配置抬头式显示屏，通过配套的健身 App 显示卡路里、速度、距离等数据。这款头戴式设备可以附在现有的眼镜或护目镜上，适用于滑雪等运动。Jet 眼镜还配有名为 The Hanger 的保护罩，保护罩是用来存储备用镜片电池的。

日本富士通公司（Fujitsu）发明的智能戒指可以追踪和辨认用户手指在空中的书写动作，识别出字母或者数字。富士通表示，用户可以使用这个戒指在菜单上进行选择或者写备忘录等。戒指内置 NFC 标签读写器，因此用户可以将他们书写的内容直接发送到手机。

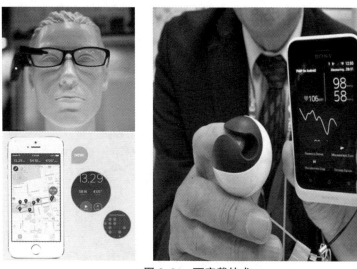

图 3-31　可穿戴技术

资料来源：http://digi.163.com/15/0116/13/AG36C0GK001668B4.html.

在东京，可穿戴技术已经逐渐成为了一种时尚，但对企业来说却是极具挑战性的。其中，电池的使用寿命对所有装备来说是最大的挑战，这限制了可穿戴时尚的发展；同时，数据的不一致性也是技术公司（可穿戴技术）面临的巨大挑战，为了保持可穿戴技术取得数据的真实性，设计者必须进行频繁的检测。与此同时，企业家们也正通过寻找合作伙伴、完善技术平台来实现前期设计与后期执行的无缝信息共享。

2. 科技与时装的"跨界合作"

作为日本新一代的时装设计师，森永邦彦（Kunihiko Morinaga）的设计方向是将最新的科技应用到服装设计中，这种跨界的理念突破让他逐渐成为业内不可忽视的先锋力量。森永邦彦于 2003 年成立品牌 ANREALAGE，将"A REAL, UNREAL and AGE"三个词语融汇在一起组成品牌核心，意在这个特定的时代背景下，表达日常与想象、表象与幻象之间对称的关联性。他的灵感往往来自于对日常细节的堆积和深入理解，在实验性和实穿性中找寻最佳的比例。

图 3-32 森永邦彦及其品牌 ANREALAGE

森永邦彦已经创造了多个超前概念的系列，每一次的主题都是一场科技与时装之间的探险：3D 打印技术、紫外线、激光彰显科技面料在他的运用下并不是生硬和无趣的，穿着者可以在日常的体验中展现魔法。2016 年春夏"REFLECT"系列，利用光的反射原理，所表达的是"反射的光会是新的光线，反射的现实会是新的现实"。整个秀场仿佛一个巨大的魔幻世界。在黑暗中，观秀者的手机闪光灯变身为重要的工具，当纷杂的灯光反射在服装上时，原本看似平凡的单色面料呈现截然不同的面貌。现场迷幻的背景音乐随着跳跃的反射光线潜入耳中。

3. 时尚科技材料

现如今，日本的企业越来越关注人类的健康、皮肤和习惯等，服装企业则致力于开发时尚科技新材料。许多制造商已经开始将技术应用于可穿戴装配上，这些可穿戴技术必须与人们的皮肤、排汗系统和其他一些因素进行频繁的"交流"。一个纺织品制造商发明出了一种可传导的纤维材料，这种材料能够将人们的身体

图 3-33   2016 年春夏 "REFLECT" 系列

资料来源: http://weibo.com/p/1001603963941498782409.

与网络进行连接, 由此得到的实时数据也可以在相应的 App 或者网站上获得。

2013 年, 东京时装周组委会 (JFWO) 也曾在亚洲时尚商品展示和体验活动中展示了全新的制造技术。小松精炼以特殊加工技术改变了尼龙的质感, 制成了 "站立织物" KONBU, 该材质的干燥触感和紧实感是最大特点, 拥有可自行直立的硬度, 却又非常轻便, 还具有独特的旧衣式的复古感觉。此外, 小松精炼新开发的 "无水染色技术" ——数码冲印织物 MONALISA, 实现了水、药品、资源、能源用量的大幅减少 (仅为一般产品的 1/4 左右)。同时, 因为建立了能够控制 1670 万丰富色彩的高精度印花技术, 所以能够提供超越以往的高鲜明度喷墨式印花产品, 以及更多色彩的选择, 给创作者提供更多发挥灵感和创意的可能性。

五、品牌

东京是日本第一大都市, 近年来, 以一个时装中心的姿态不断吸收、发布新信息, 从而得以飞速发展, 各种时装发布会召开得极为频繁。东京服饰的特点主要是以全新理念来诠释人们的穿着, 在人体上创造出独特的视觉效果。东京的设计师认为时装是体现文化内涵的重要工具, 他们擅长挖掘日本及东方传统文化中的精华。而在结构及形式上, 东京的设计师吸收并熟练掌握和服和东方服饰中的扭结、缠绕和悬垂等手法，并对茶色、表色和灰色等颜色运用自如，从而缔造了独特的东方时尚。

图 3-34　日本时尚品牌

（一）时尚服装品牌

随着东京的国际化程度不断提高，人们的穿着也逐步个性化，东京不再拘泥于传统服饰，多数人都以各自的风格来塑造自己的形象。东京的街头潮牌有着自己的特色和风格，大都以休闲服装的设计为主。表 3-28 列出了目前东京著名的服装品牌。

表 3-28　东京著名服装品牌

成立年份	品牌名称	品牌特点
1984	优衣库	"衣服是配角，穿衣服的人才是主角"突出了以人为本的穿衣理念
1991	EVISU	古典旧款牛仔裤品牌
1993	BAPE	街头潮流，意为"安逸生活的猿人"
1994	UNDERCOVER	超现实、唯美、诡异

（二）服装设计师品牌

表 3-29 所列出的设计师都是早期在海外成名的服装设计师，他们在 20 世纪七八十年代成名，为西方时尚界带来了与众不同的东方特色，并因此影响了西方的时尚。

（三）电子产品品牌

不同于其他四个时尚之都的发展，东京的时尚发源于服饰，但却成就于东京电子产品行业的发展。东京电子产品时尚的外观设计引领了全世界的电子产品，

表 3-29　日本知名服装设计师品牌

设计师	品牌名称	成立年份	品牌特点
高田贤三	KENZO	1970	崇尚愉快、轻松和自由，融合了东方与西方的魅力
三宅一生	Issey Miyake	1970	"东方遭遇西方"，摆脱束缚，体现独特的形体美
山本耀司	Yohji Yamamoto	1972	以和服为基础，借以层叠、悬垂、包缠等手段形成一种非固定结构的着装概念
川久保玲	Comme des Garcons	1973	将日本典雅沉静的传统、立体几何模式、不对称重叠式创新剪裁，加上利落的线条与沉郁的色调，与创意结合，呈现意识形态的美感

这些时尚的电子产品出自其幕后强大的设计团队。表 3-30 列出了东京主要的电子产品品牌。

表 3-30　东京主要电子产品品牌

成立年份	品牌名称	流行时尚产品（外观设计）
1912	夏普（SHARP）	翻盖系列手机、液晶电视 LX 系列
1918	松下（Panasonic）	等离子电视和液晶电视、数码相机
1946	索尼（Sony）	T 系列数码相机 DSC-TX7C、PSP3000
2005	东芝（Toshiba）	笔记本电脑

（四）珠宝品牌

东京的珠宝品牌多具有"轻、薄、小、精"的特点，日本人追求精细的态度对珠宝首饰的设计产生了巨大的影响。日本传统的珠宝首饰也是以制作纤细和精巧为主流，而随着时代的发展，追求"小"意味着工艺的不断改良和创造，日本匠人也通过不断革新来达到每件珠宝首饰的尽善尽美。表 3-31 列出了东京代表性珠宝品牌。

表 3-31　东京代表性珠宝品牌

成立年份	品牌名称	品牌特点
1893	Mikimoto（御本木）	走高端极致路线的全球知名珍珠品牌
1954	TASAKI（塔思琦）	以珍珠、宝石为主，风格游走于古典与现代之间
1990	Agete（阿卡朵）	倡导"时尚珠宝"，注重从细节上体现整体搭配的协调性
1892	GINZA TANAKA	提供贵金属与宝石完美结合的珠宝首饰

（五）腕表品牌

日本人追求完美，这也使得东京的腕表品牌做工精细，质量极高，日本手表的机芯质量是很有保障的。在众多手表品牌中，日本的手表品牌受到了全世界的广泛关注，许多人都对东京时尚且高性价比的腕表品牌充满向往。表3-32为东京具有代表性的腕表品牌。

表 3-32 东京代表性腕表品牌

成立年份	品牌名称	品牌特点
1881	精工（SEIKO）	唯一拥有各类腕表制造技术的制表集团
1957	卡西欧（CASIO）	倡导"腕上科技"，产品新潮、时尚且功能多元化
1918	西铁城（CITIZEN）	以"为市民所喜爱，为市民作贡献"为企业理念
1950	东方双狮（ORIENT）	打造"高素质"、"永不过时"的手表产品

（六）化妆品品牌

东京的化妆品中为亚洲人专门设计的美白产品是它们最大的特色。表3-33为东京主要的化妆品品牌。

表 3-33 东京主要化妆品品牌

品牌名称	品牌特点
资生堂（Shiseido）	取自《易经》，含义为孕育新生命，创造新价值
嘉娜宝（Kanebo）	以坚实的技术力量、优良品质和细致周到的服务，实现"Kanebo for a beautiful life"的愿望
植村秀（Shu Uemura）	简约而丰富的设计风格

（七）时尚平台

日本的时尚传媒以杂志为主，日本有很多在本土具有影响力的杂志，这些杂志同样影响着世界的时尚。表3-34为东京主流的时尚媒体平台。

表 3-34 东京主流时尚媒体平台

时尚媒体	媒体特色
Non-No	走在日系流行风尚最先列的日本时尚杂志
Ray	日本成熟银座派时尚杂志
NIKKEI DESIGN	日本最重要的设计杂志之一

（八）时尚家居品牌

东京的时尚家居很有特色，风格各异，就像一个个超大版的创意集市，每件商品都体现了设计师独特的创意和理念，吸引了来自世界各地不同的消费者和时尚追崇者。表 3-35 为东京主要的时尚家居品牌。

表 3-35　东京主要时尚家居品牌

品牌名称	品牌特点
无印良品（MUJI）	倡导自然、简约、质朴的生活方式
东急 hands	注重手工的工艺和材料
Loft 百货	一家把黄色用得很有创意的生活杂货馆

五大时尚之都中，巴黎是高级女装的发源地及世界时尚设计和信息发布中心；米兰是高级成衣发源地及世界一流的面料制造基地；伦敦具有悠久的纺织业历史，也是经典的男装制造中心；纽约的高级成衣、休闲装、运动装等商业时尚品牌则位于全球的领导地位；而东京，在西方成熟的时尚产业的夹缝下，另辟出了一条与众不同的路。东京的时尚产业兴起于服装，成就于电子产品，两者共同领导着东京的时尚，并进而影响着世界的时尚产业。

东京的时尚产业已经有了区别于其他四大时尚之都的独特之处，它不仅在时装领域发挥了东西融合的特色，还以独特的东方风格吸引了西方时尚界的关注。而且，东京的电子产业居于世界的领导地位，这也稳固了东京时尚之都的地位。东京作为经济实力最强的城市之一，其巨大的消费能力吸引着全球的目光。同时，东京独特的创新能力也为产品提升了附加值，使其时尚产业领先于世界，成就了其全球第五大时尚之都的地位。

第四章
上海与国际五大时尚之都的差距

世界公认的五大时尚之都，巴黎、伦敦、米兰、纽约、东京都在时尚领域体现了其自身卓越的竞争力，塑造了各具特色的时尚经济与时尚文化。上海作为国内最具潜力发展成为国际时尚之都的城市之一，拥有可以与五大时尚之都相媲美的发展时尚产业的资源，例如发展时尚产业的文化基础，支撑时尚产业的工业基础，促进时尚产业的政策基础，以及发展成为具有影响力的国际时尚都市的地理条件和经济水平。本章将对上海与五大时尚之都进行分析与比较，为如何将上海建设成世界时尚之都提出建设性的建议，并指出战略性的发展方向。

第一节
国际时尚之都对比体系的建立

在第一章对中国本土时尚城市发展现状的研究中，我们建立了时尚城市指数体系去量化比较各城市时尚产业的发展状况（详见第一章第四节），该指数体系包含时尚传播指数、时尚消费指数、时尚品牌指数、时尚包容指数及时尚创新指数。而在上海与国际五大时尚之都的对比体系中，我们将展开对比第三章所提到的经济、文化、教育、科技、品牌五大方面。

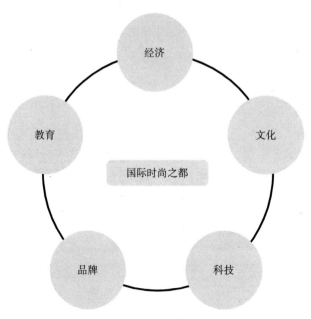

图4-1 国际时尚之都对比角度

在比较时尚城市的过程中，此体系的使用将根据具体的对比对象和对比目的做出调整，最终选择最为科学的对比体系。在中国国内城市时尚产业对比过程中，通过量化各城市间产业发展情况，来展现国内各城市时尚产业发展的总体情况。而上海与国际五大时尚之都的对比，则是期望通过借鉴目前走在世界前列的国际时尚城市的发展经验，来为上海建设国际时尚都市服务，提出建设性的意见和战略性的发展方向。因此，尽管两个对比方面看似不尽相同，实则不然，只是根据对比对象与目的的不同进行了调整。下面我们将对两个体系进行比较。

表4-1 不同对比体系之间的对应关系

国内城市时尚产业发展对比体系	上海与国际五大时尚之都对比体系
时尚消费指数	经济
时尚包容指数	文化
时尚传播指数	教育
时尚创新指数	科技
时尚品牌指数	品牌

经济是首先要对比的方面，在国内城市时尚产业发展对比体系中对应时尚消费指数。城市的经济发展和大众的消费能力是国际时尚之都稳步发展的基础，时

尚消费能力又是衡量国际时尚之都建设的重要指标。文化对应时尚包容指数，文化作为时尚产业发展的基础，城市的时尚产业发展基于对不同文化的包容度，来发展成为国际时尚之都的城市。另外，时尚的发展侧重于自身的文化影响力。教育对应时尚传播指数，这里的教育是宽泛的，指的是每一个消费者获得信息、接受教育的能力，既包括学校对文化的传播，也包括社会中文化的传播。只有通过耳濡目染的时尚"教育"才能使时尚的传播达到人尽皆知的程度。时尚创新指数，在国际时尚产业发展对比体系中的概念则提炼为"科技"，把握前沿的时尚趋势，引领时尚发展，使得时尚城市的国际影响力大大提升，这也正是五大时尚之都重视的发展方向。时尚品牌指数即对应品牌，品牌建立至关重要，品牌是时尚发展的载体，知名品牌的成功打造可视为时尚产业发展战略成功与否的重要标志之一。在上海与国际时尚都市对比体系中，品牌指数则体现在消费者对品牌的认知度和忠诚度上。

因此，该体系指标的建立将通过对上海在建设时尚城市过程中的经济、文化、教育、科技、品牌这五个方面与五大时尚之都进行比较，并结合国际时尚都市的特征，建立各个方面的分指标，科学地研究上海应该如何发展成为国际时尚大都市。

经济是时尚产业发展的前提。时尚产业是由人们对"美"的追崇所催生出来的产业，城市想要大力发展时尚产业，在时尚产业上具有绝对的竞争优势，将自身建设成为国际性时尚之都，需要具备一定的经济发展基础和良好的消费能力。其中，时尚消费是判断城市时尚产业发展进程的重要指标。时尚消费的增长体现了一个城市时尚产业的蓬勃发展。在国际时尚之都对比体系中，经济方面的对比将从城市的经济基础和消费能力两方面来进行。

文化是时尚发展的基础，时尚作为一种文化现象，与文化的发展息息相关，一个地区的文化特点与其历史发展对时尚风格的积淀有着深远影响。在研究一个城市时尚产业的发展时，对文化的探索是必不可少的。在对比体系中，本书将从城市的历史文化基础和当代文化的影响力两个方面进行比较。一个城市文化的底蕴是发展时尚产业的基础，而文化在全球范围内的影响力又对城市是否能够发展成为国际公认的时尚之都起着至关重要的作用。

教育是对文化的传承，也是时尚产业能够持续发展的内在动力，教育为城市时尚产业的发展提供丰富的人才储备。优秀的时尚教育水平同时会吸引全国各地，乃至世界范围内优秀人才会集，为城市发展成为国际时尚之都打下强有力的人才基础。城市的时尚教育传播和其影响力是我们对比上海及五大国际时尚之都的指标。这里的教育传播，不仅是学校对文化的传播，也包括社会媒体对文化的传播。

科技是创新的成果，时尚与科技的结合推进了现代时尚产业的发展，时尚产业正在借用科技的力量为时尚城市的建设注入新力量。科技正融入到时尚产品的设计、制造、传播等各个环节中。国际时尚都市作为时尚的领军力量，在科技时尚这一话题中展现的实力成为一大衡量标准。如今的科技时尚可以大体划分为可穿戴时尚、大数据时尚。可穿戴时尚与时尚产品的创新结合，体现在将新型的材料或科技运用于服饰配饰、电子产品等时尚产品中，增加了产品的效用，使时尚产品更加具有吸引力，满足消费者的多样化需求。大数据与时尚的结合体现在利用数据使时尚在分析、预测、传播等环节更加精准，为时尚的发展提供有力的技术后援。

品牌是时尚发展的载体，时尚产业通过对品牌的建设，实现从简单的设计、制造、加工发展到以打造发展时尚品牌为目标，提高时尚城市的影响力。时尚品牌的数量和其影响力已成为国际时尚之都的又一大优势所在。时尚品牌使国际时尚城市在大众心中形成符号化的印象，是国际时尚之都建设的必要因素。在对比中，我们通过品牌数量和品牌影响力来比较上海与五大时尚之都的差距。

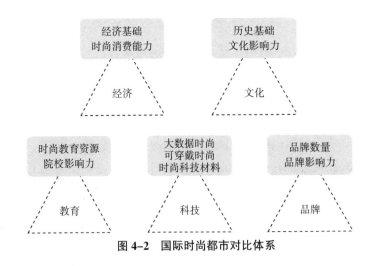

图4-2　国际时尚都市对比体系

第二节
上海与五大时尚之都的对比

一、经济

国际五大时尚之都的形成与该城市所处的经济发展阶段密不可分。最初，国际时尚之都产生于发达国家和地区，而新兴中心时尚城市也是该地区经济发展到一定阶段的产物。18 世纪末的工业革命大大推动了英国、法国的经济发展，提高了其生产能力，使巴黎和伦敦的时尚产业得以迅速发展。而纽约和东京能发展为国际时尚之都，也离不开美国 20 世纪初经济的快速发展和日本第二次世界大战后的经济腾飞。可见，上海成为时尚之都，离不开其经济发展方式的转变和时尚消费需求能力的提升。

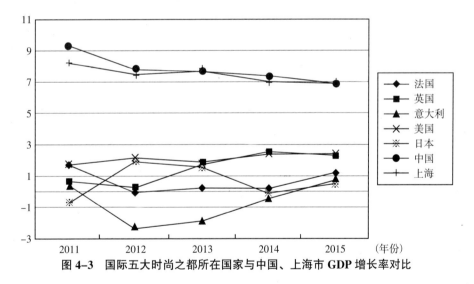

图 4-3 国际五大时尚之都所在国家与中国、上海市 GDP 增长率对比

巴黎一直是法国的经济和金融中心，其纺织、电器、汽车等工业都非常发达，而时装、化妆品等时尚行业更是举世闻名。服装作为巴黎的一大产业，拥有超过 2000 家企业，实现的营业额达 300 亿欧元左右。世界奢侈品的领军者——酩悦·轩尼诗—路易·威登（LVMH）旗下有大约 60 个品牌，如作为该集团专业分销领导者的巴黎春天集团，2009 年在奢侈品上投入的总成本占整个集团的

17.6%，但收入却达到整个集团的 42.2%，可见巴黎奢侈品消费为其经济发展做出了巨大贡献。近几年，法国的人均 GDP 增长呈放缓趋势，但时尚产业依旧占据法国产业活动 8% 的份额。所以，时尚产业的发展对巴黎经济的发展具有不可忽视的重要作用。

伦敦不仅是英国的金融和商业中心，也是世界上最大的金融和贸易中心之一。2012 年起，英国人均 GDP 的增长稳步提升，而英国金融业 40% 以上的产值都是由伦敦创造的，金融业在伦敦经济总量中的占比接近 20%。伦敦曾经是全球的纺织业中心，现在则是与纽约并列的国际金融中心。如今，伦敦已经成为全球国际化程度最高的零售业城市，吸引了全球 60% 的顶尖零售商。同时，伦敦作为世界公认的购物天堂，具有强大的时尚消费能力，这也为其成为国际时尚之都奠定了良好的消费基础。

米兰是意大利的第二大城市，也是意大利北部的政治、经济和文化中心。2004 年，意大利国内生产总值为 312.3 亿美元，在整个欧洲排名第四位，仅米兰市的 GDP 几乎达到整个奥地利国家的经济规模。自 2012 年起，意大利的人均 GDP 较前几年呈快速增长趋势，米兰则起到了不可忽视的作用。作为世界上消费最高的城市之一，米兰在时尚业、贸易、设计业等方面的影响力使之成为国际时尚大都会。同时，米兰也被视为真正的世界时装之都。意大利著名的时装公司（如阿玛尼、华伦天奴、普拉达、古驰、范思哲等）的总部均设在米兰，将近 20% 的意大利服装企业集中在米兰，这大大促进了米兰经济的发展，使其具备强大的时尚消费能力。

纽约不仅是美国的经济中心城市，更是世界的经济中心之一。2008 年，纽约的人均 GDP 居世界城市第一名。纽约的服装、化妆品等时尚行业均居美国首位，同时纽约也拥有众多博物馆和艺术画廊，其文娱产业非常发达。纽约虽然不是美国的政治中心，但其经济、金融中心的地位使其在时尚产业方面具有很大的影响力和吸引力，其强大的经济实力也使其产生了旺盛的时尚消费需求。

东京不仅是日本的首都，也是日本最大的经济中心。20 世纪 70 年代后，日本服装产业的结构不断调整，服装批发商和店铺迅速增长，与此同时，日本的电器和电子产品行业在全球也占有重要地位。而随着日本时尚产业的发展，日本居民的时尚消费能力得到迅猛提升，东京则是日本重要的时尚产品消费市场。每年都有数以亿计的消费者来到东京，购买其需要的时尚产品，这也成就了东京众多的时尚聚集区，满足了不同消费层次和不同消费动机的顾客的时尚需求。

近几年，上海的 GDP 一直高速增长，随着人们收入水平的不断提高，消费支出也大幅增长，享受型消费比重逐渐增大。综观五大时尚之都，上海的经济水平和经济地位均与五大时尚之都不分上下。上海是中国经济最为繁荣的城市，消费力强。背靠发展迅猛的中国，上海的经济外向度高，随着上海经济的日益繁荣，其时尚产业的发展已经覆盖到各个领域，日益成为驱动上海居民消费的重要因素。

上海居民对时尚消费的需求，为上海时尚产业的发展带来了巨大的发展机遇。因此，打造上海成为国际时尚之都，大力发展时尚产业有助于转变上海过度依赖投资和出口拉动经济增长的模式，扩大内需对经济发展的拉动作用。同时，从消费力本身而言，上海对时尚产品的消费力不逊色于任何一个国际时尚之都。所以，上海有十足的潜力也有充分的能力成为国际时尚之都。

二、文化

表 4-2　六个时尚城市的文化对比

城市	文化历史基础	文化影响力
巴黎	起源于宫廷文化，发展与政治紧密结合	成为一种鲜明的文化标志，多种文化风格融合
伦敦	历史文化悠久，多元文化融合造就伦敦的文化基础	多元化的文化大都市，不同文化相互交流、交融
米兰	较长历史文化积淀，吸收多元设计风格，打造自我特色	文化是米兰时尚知名的重要原因，时尚设计技术先进
纽约	借鉴吸收他国时尚文化，贸易、移民促成其形成独特商业文化与移民文化	美国文化的旗帜，为城市发展发挥重要作用
东京	东西方文化兼容，东方传统文化与西方剪裁与样式的交融	既吸引西方人的眼球，又迎合了东方人的审美观念
上海	海纳百川，兼容并蓄，中西并存，中外合璧，相辅相成	建筑、音乐、饮食、展会等多领域的发展

（一）文化历史基础

巴黎、伦敦、米兰、纽约、东京被人们称为"五大时尚之都"，这与它们的文化基础是分不开的。巴黎是法国的文化中心，也是伟大的艺术之都，巴黎的时尚与宫廷文化和政治发展状态紧密相连。法国皇家贵族对于很多物件的使用，例如香料和化妆品等，后来都成为了巴黎时尚的一部分。伦敦作为历史文化名城，通过多民族之间的融合促进了多元文化的交流，形成了特有的伦敦文化。意大利米兰历史悠久，丰富多彩的服饰文化从古老的时代就开始慢慢形成，基于这种文化熏陶之下的设计师不断为文化的创新与发展打下扎实基础。位于北美洲的纽约，文化的发展源于其优越的地理位置，贸易和移民形成了独特的商业文化与移民文化。东京是唯一一个位于亚洲的时尚城市，其通过借鉴东西方文化不断发展成为具有东方传统文化与西方先进思想相交融的日本特有的时尚文化。由此看来，所有能够成为时尚之都的城市都有着深远悠久的文化历史积淀，以及与外界不断交融的发展模式。

上海依托于四大文明古国之一的中国，文化积淀十分雄厚。上海海派文化这种"海纳百川，兼容并蓄"的精神也让文化得以进一步升华，所以就文化的基础而言，上海有潜力、有机会成为新的世界时尚之都。

（二）文化影响力

五大时尚之都依托于文化历史基础，经过时间的淬炼，具有十分强大的文化影响力，这也是它们能够成为世界五大时尚城市的重要原因。今天的巴黎俨然成为鲜明的文化标志，其鲜明独特的文化环境陶冶了众多时尚群体，并为多国时尚城市所借鉴。英国伦敦已发展成为多元化的文化大都市，为不同文化的相互交流、融合提供了舞台。意大利米兰的历史文化因素是其成就文化名城的重要原因，其卓越的设计技术成为世界瞩目的焦点。作为美国文化的旗帜纽约培育了一批颇具商业特色的年轻时尚品牌，时尚服装产业在城市的发展过程中发挥了十分重要的作用。东京由于东西方文化的交融使得时尚既能够为西方人所青睐，又能够满足东方人的审美观。综合来看，五大时尚城市的文化影响力源于其较为深厚的文化历史，每个城市又凭借着各自的优势以及文化间的相互碰撞不断发展。中国有着上下五千年的历史，文化底蕴深厚，自古就对世界文化的发展产生着深远影响。而作为中国经济中心的上海有着得天独厚的政治经济优势与地理优势，为其成为时尚城市打下了坚实基础，例如上海时尚文化节吸引了来自世界各国的目光，提高了上海在世界上的文化影响力。然而就目前来看，上海的文化影响力跟五大时尚之都还存在着一定的差距，美国的好莱坞电影、日本的动漫产业、法国的文化活动等在全球有着巨大的影响力，而中国没有一个标志性和符号化的文化产业是导致文化影响力较差的一个重要原因。

三、教育

表 4-3　上海与五大时尚之都的教育对比

城市	时尚教育资源	教育影响力
巴黎	实践机会众多，根植于较深的职业环境，学院派与专科派院校并存	ESMOD 国际时装设计高校被誉为"时装界的哈佛大学"
伦敦	开设专业广泛，艺术设计类教育历史较长，经验丰富	世界上最优秀的艺术大学——伦敦艺术大学，培养名人众多
米兰	传统制造技术力量雄厚，设计与制造完美结合，文化底蕴深厚	意大利欧洲设计学院、博科尼大学培养出众多知名人才
纽约	高等学府众多，师资力量强大，实践机会众多，与世界名流接触机会较多	"四大艺术设计学院"享誉世界，时尚界名人辈出
东京	学院数量较多，受政府重视，开设时间悠久，经验丰富	东京文化服装学院名人辈出，享誉世界的著名设计师众多
上海	高等学府与多国合作办学，享受国际化时尚教育资源	东华大学培养了众多享誉亚洲乃至世界的设计师和模特，世界认可度高

（一）时尚教育资源

五大时尚之都时尚行业的发展与其对于时尚行业人才的培养息息相关，时尚行业的人才促进时尚行业不断发展，而时尚行业的蓬勃发展又反过来丰富时尚教育资源，进一步培养更符合时代需求的时尚行业人才。巴黎的时尚教育院校向学生提供较多的实践机会，根植于高度专业的职业环境土壤中，进一步将人才引向市场与实用性相结合的方向。伦敦开设时尚院校的历史悠久，长期的教育实践积累了丰富的经验，而且开设专业类别全面，能够满足时尚行业各类人才的需求。米兰的教育院校凭借其先进的制造技术，将其与设计完美结合，培养出一大批工匠型人才。纽约开设时尚教育的高等学府众多，其利用先进的商业环境为时尚人才提供了成熟的品牌意识和市场推广能力。东京的时尚行业由于受到政府重视，时尚学院开设时间早，且学院数量众多，基础设施完善。由此可见，五大时尚之都优越的城市环境和专业的教育资源为时尚城市的发展提供了良好的土壤。这种教育资源的优势不仅源于数量众多、门类齐全的专业设计院校及强大专业的师资队伍，还源于长期办学积累的经验以及教育过程中提供给学生的附加内容，例如名流讲学、较多的实践机会等。我国上海地处长江三角洲，优越的地理位置和开放的办学理念让其在时尚教育中能够更容易接触世界先进的时尚教育理念，培养更具国际化视野的高级时尚人才。而上海的时尚院校专业开设得还不够细化，一些较为重要的时尚专业还没有得到院校和政府的重视，再加上基于实践的教学模式不足，使上海时尚教育资源与五大时尚之都之间存在着一定的差距。

（二）时尚教育影响力

基于丰富的时尚教育资源，五大时尚之都在世界范围内具有较大的教育影响力。影响力的大小主要体现在其培养人才的知名度，举办活动的影响力，以及院校自身的品牌效应。巴黎的 ESMOD 国际时装设计高等学院被誉为"时装界的哈佛大学"，法国著名服装裁剪大师阿列克斯·拉维涅（Alexis Lavigine）为其第一任校长，其教学涉及领域众多，在行业中声名显赫。伦敦的中央圣马丁艺术与设计学院是英国最大的艺术与设计学院，其不仅是艺术学院而且是文化中心，以鼓励学生与教师以及毕业生们的创造力而享誉世界，著名设计师亚历山大·麦昆（Alexander Mcqueen）、约翰·加利亚诺（John Galliano）、斯特拉·麦卡特尼（Stella McCartney）、侯赛因·卡拉扬（Hussein Chalayan）都曾经就读于这个学院。米兰的马兰欧尼设计学院是意大利知名度最高的时尚院校，曾经培养众多人才，享誉世界。纽约的"四大艺术设计学院"被看作纽约时尚的灵感发源地，为纽约乃至世界培养了大量人才，著名设计师麦克·高仕（Michael Kors）、王大仁（Alexander Wang）、山本耀司（Yohji Yamamoto）等都曾就读于此。东京文化服装学院是日本首家创办服饰教育的学校，在世界服装设计领域排名世界前三，在业内具有较高的权威性。综合来看，五大时尚之都在世界范围内不仅表现为高等院校在世界的知名度，还表现为培养出的时尚界名人的影响力。相比之下上海的时尚行业的院校主要有东华大学。东华大学在中国的时尚行业具有一定的影响力，然而在国际上仍有所不足，培养的知名时尚行业名人也较少，时尚教育影响力与五大时尚之都相比较弱。

四、科技

表 4-4 上海与世界五大时尚之都的科技对比

时尚城市	大数据时尚	可穿戴时尚	时尚科技材料
巴黎	数字类时尚企业崭露头角	可穿戴科技融入时装设计；3D 打印技术亮相时装周	有所欠缺
伦敦	实时数据分析技术的广泛应用	RFID 技术广泛应用；CAD 辅助设计师工作	有所欠缺
米兰	大数据预测时尚方面有待提高	逐渐重视可穿戴材料的研发；时装秀场上的新技术	有所欠缺
纽约	大数据预测时尚方面有所欠缺	可穿戴科技改变时尚；智能可穿戴设备受到追捧；3D 打印技术的应用	一些大品牌开始利用科技来改变时尚，如利用光学纤维织出来的发光面料

时尚城市	大数据时尚	可穿戴时尚	时尚科技材料
东京	大数据预测时尚方面有所欠缺	可穿戴纤维材料的创新；时尚科技展分享可穿戴时尚；科技与时装的"跨界合作"；神经科学的应用	许多企业致力于开发时尚科技新材料，如可传导纤维和一些全新的制造技术
上海	上海时装周打造"大数据+"时尚平台	可穿戴设备得到企业重视；可穿戴材料研发取取得突破性进展	时尚科技材料的科研方面取得突破性进展，解决了几大难题

国际五大时尚之都的发展离不开时装，但现如今，随着科技在众多产业中地位的不断提升，时尚产业也开始注重科技与时尚的相互融合。五大时尚之都已经意识到，仅仅对设计进行单一的发展规划并不是长远发展之路，只有将科技与时尚相结合，才能够维持时尚中心城市的地位。下面主要从大数据时尚和可穿戴时尚两个方面将六个时尚城市进行对比。

（一）大数据时尚

综观五大时尚之都，可以看出：巴黎将数据与时尚结合，是通过许多数字类初创企业，开始借助于电子消费品展会等时尚平台来寻求更好的发展，从时尚科技的角度寻求发展；伦敦则将实时数据分析技术广泛应用于时尚产业，通过实时的数据追踪来预测时尚趋势；而米兰、纽约、东京虽然在国际时尚中心城市中同样占据主导地位，但在利用大数据预测时尚方面还有待发展。

收集大数据的必要性不言而喻，然而如何分析和理解大数据成为新的课题。信息被称为这一代人的未来资源，公司在追求新科技之前就需要理解所拥有的数据。公司不仅可以通过大数据分析来规划和分配库存、了解当前消费趋势，还能激励消费者购买商品。零售商实时追踪在线购物模式，以此为依据发送优惠券或调整价位，从而吸引消费者回访网站。美国的 Nordstrom 创新实验室正是体现大数据效力的典范。该项目于 2011 年启动，运用技术解决方案来解决大数据收集带来的问题。该团队就现有问题提出多种解决方案，进行尝试，找出最佳答案，确保购物者能够享受先进的购物体验。

（二）可穿戴时尚

随着消费需求的逐渐增长和功能设计的越发先进，可穿戴科技市场正在进一步深化和迅速发展。2014~2015 年，在世界范围内，可穿戴设备运货量为 2100 万件。全球消费科技市场调研机构 Strategy Analytics 发布报告预计，2016 年全球可穿戴设备批发销售收入预计将增长 31%，在 2016~2020 年，全球可穿戴设备营收将增长 284%，到 2022 年达到 450 亿美元。据估计，全球可穿戴科技市场价值到 2020 年将达到 800 亿美元。除了活动追踪器、腕带、戒指等时尚配饰之外，智能服装也是可穿戴时尚值得关注的关键领域。运动市场目前是可穿戴科技最大的应用领域，其他值得关注的领域包括面向残疾用户或用以解决健康问题的辅助可穿戴设备，以及用来改善情绪、提高注意力的健康可穿戴设备。除此之外，风格和个性化设计是可穿戴设备的发展关键，用户界面同样不容忽视。国际五大时尚之都也同样重视可穿戴时尚领域的发展，都在积极利用新科技来丰富人们的服饰、配饰等。

在可穿戴时尚方面，巴黎借助于时装秀场将 3D 打印融入到时装中，而且越来越多的设计师也开始注重现代科技与设计理念的结合，并从设计中预测未来时尚和科技的发展趋势；伦敦则注重对新技术的运用，通过 RFID、CAD 等信息技术将创意的设计理念精准地表达出来；米兰也为迎合现代女性的生活方式，而逐渐重视对可穿戴材料的研发，并将各种新技术（如"烤"技术、"3D 蒸汽拉伸"等）应用于时装设计中；在科技与时尚日渐融合的大环境下，纽约也利用科技来改变时尚，例如采用光学纤维让裙子亮起来、具有多种功能的可穿戴配饰和可穿戴的 3D 服装等；东京虽在服装上的话语权稍逊于其他四大时尚之都，但是东京在可穿戴材料、可穿戴智能设备上可谓做出了突出的贡献，许多设计师也逐渐实现了科技与时装的跨界合作。

未来几年，我们可以大胆预测，全方位地传达身体数据的全柔性化超薄屏幕、对空气环境进行预警的贴身可穿戴设备、具有预测功能的服装、可嵌入科技等将逐渐成为可穿戴时尚发展的趋势。

（三）时尚科技材料

国际五大时尚之都虽然在时尚产业中占据了重要的地位，但是在时尚科技材料的开发上还有所欠缺。目前，纽约和东京的一些品牌和服装企业开始通过开发时尚科技材料让自己的时尚产品更加科技化和极具未来感，但巴黎、伦敦、米兰在时尚科技材料的开发方面还有所欠缺。

上海作为时尚城市，在建设时尚之都的道路上已经做了很多努力，并不断致力于开发时尚科技材料，并突破了现如今时尚科技材料开发面临的几个难题。但品牌在开发时尚产品的过程中，如何完美地融入科技元素，将是其面临的重要问题之一。

（四）上海的时尚科技

1. 数据预测时尚

上海时装周 2016 春夏特别引入了"凤凰时尚指数"发布板块。"凤凰时尚指数"作为凤凰卫视和华院数据的合资公司——塔美数据旗下的核心产品，真正将大数据技术应用于时尚领域，通过对数据进行严格抓取，确保数据可信度及客观性，同时采用科学构建分析模型和量化算法，定性研究与定量分析结合，提供时尚行业领域的专业分析及发展建议，将感性的时尚转变成为理性的数字，为上海时装周提供客流指数、消费指数及舆情监测指数三方面的时尚指数。区别于其他指数产品，凤凰时尚指数展示了其动态化、可视性、真实性、权威性的特点，在时尚界利用大数据技术进行实时性可视化的展示尚属首次。相信通过集聚大数据搜集和分析环节，未来上海时装周的定位将更加清晰，平台功能将更加完善。

图 4-4 上海时装周 2016 春夏"凤凰时尚指数"

2. 可穿戴引领时尚

（1）可穿戴峰会。

2016 年上海全球可穿戴产业领袖峰会作为全国首个全球性可穿戴产业的交流平台，邀请了来自国内外领先的可穿戴设备行业领袖，从产业发展趋势、商业模式、产业布局、市场策略、开发及运营策略、技术创新等方面分享领先的行业观点、经验技术以及解决方案，共同探讨可穿戴设备产业未来的发展路径及发展方向，以推动可穿戴产业快速健康地发展。

（2）可穿戴设备的案例。

案例 4-1：翰临科技

在 2016 年的 CESASIA 展会上，翰临科技 Cling 系列主打的 HiCling VOC 手环，可谓开创了智能手环全新的场景应用，翰临科技和剑桥一家知名的传感器公司合作，寻找合适的防水透气膜，不同的氧化涂层，优化的自适应算法，从而做到全天候的有机性挥发物（VOC）空气监测，精度能达到 10ppb。同时在高浓度的酒精监测中，精度能够达到 1mg/100ml，是业界首款同时达到专业级 VOC 以及血液酒精浓度监测的可穿戴设备。

这款产品的主要受众是关注安全和运动健康的人群。这类人群关注室内空气质量（涂料甲醛、二手烟）、汽车内空气质量、酒后安全驾驶、实时 PM2.5 指数等涉及安全的因素，以及实时运动心率、体温等涉及健康的因素，据品牌方透露已经有不少知名汽车品牌正在接洽这款产品可应用的场景。

翰临科技 Cling 智能穿戴亮相 2016 CESASIA 展会

案例4-2：上海青蛙工作室设计出Airwaves概念口罩

这款名为Airwaves的口罩是一款高科技的防污染面具，相比现有一些移动端App给出的相对宽泛的空气质量指数，Airwaves能够在用户穿戴它时监测所经过路线和区域的空气质量，并且通过手机将这些数据实时上传到云端。通过对所有这些个人数据的综合分析，可以建立起一个城市，甚至细节到街道级别的空气质量数据，从而帮助用户制定出行路线，避开空气污染严重的区域。或者是，当用户没有佩戴口罩经过污染严重的地区时，Airwaves会以振动方式提醒用户戴上口罩。

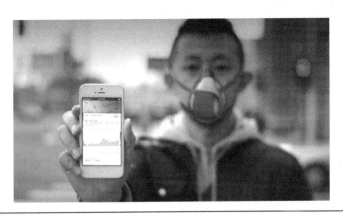

3. 时尚科技材料

（1）可穿戴发光纤维问世。

2015年，上海复旦大学教授彭慧胜团队在国际上首次发明了纤维状聚合物发光电化学池，为可穿戴设备的应用提供了一个新方向。与发光二极管相比，纤维状聚合物发光电化学池有较低的操作电压、较高的电子、光子转换效率和较高的功率。更重要的是，聚合物发光电化学池不需要较低功函数的材料作为阴极，这些低功函数的电极材料往往在空气中不稳定。同时，聚合物发光电化学池中的发光聚合物层有利于电子从两极注入发光。因此，该聚合物对电极材料表面的粗糙度要求较低，有利于大规模生产。这项发明是国际上第一次实现可穿戴的发光纤维，是一项突破性进展，这项研究为可穿戴纤维状发光器件的发展指出了一个新方向。

（2）可穿戴材料柔性问题取得突破进展。

近些年，传统的应变传感器取得了一些进展，但由于难以具有高度灵敏度、感应范围限制和功能单一等问题的存在，所以并不适用于复杂而精细的人体活动的感应。2015 年，中国科学院上海硅酸盐研究所研究员孙静带领的科研团队成功地制备了基于石墨烯材料的高灵敏度柔性纤维传感器，在柔性可穿戴感应领域尤其是可穿戴式人体生理活动监测方面具有广阔的应用前景。这种柔性可穿戴传感器主要致力于感应和监测各种人体活动，在运动感应、个人健康监测、智能机器人和人机交互方面都有着广泛的应用。而且，这种石墨烯纤维传感器的制备方法简单易行，成本低廉，且易于量产，有着极大的市场前景。

（3）可穿戴材料电池续航问题攻破。

可穿戴设备领域产品的不断推出，将给我们的生活带来新的变化，但可穿戴设备的电池续航问题却使得众多的潜在购买者犹豫不决。2016 年，上海复旦大学彭慧胜教授已经从技术上解决了这一难题。他将碳纳米管做成纤维状的锂电池和太阳能电池，而将这一纤维织成织物后，能够实现供电、变色等穿戴纤维的性能。该课题组已与一家外企在合作研制智能手表的可伸缩腕带，这一腕带用锂电池做成的纤维编织而成，不仅可以降低智能手表的重量，还可以使电池的续航时间成倍增加。可见，这一研究上的突破将引领智能可穿戴设备走向新的高度。

上海作为一座具有代表性的时尚城市，大到政府层面，小到媒体、企业其至是设计师，都已经将科技作为未来时尚产业发展的重要推动因素。2016 年上海时装周已开始通过利用"大数据"来打造时尚服务平台，通过数据预测时尚趋势、为时尚产业提出专业的建议，并进行实时性可视化的处理。在可穿戴时尚方面，许多新兴科技公司开始注重对可穿戴设备的研发，并得到了国际时尚和科技产业的认可。最值得一提的是，上海在可穿戴材料上已取得多项突破性的进展，解决了可穿戴设备的柔性问题和电池续航的难题，推动了可穿戴时尚的快速发展。

五、品 牌

品牌作为时尚产业的无形载体，对时尚产业的发展、时尚之都的打造至关重要。在引领时尚消费的同时，品牌也是时尚城市的标志和象征。所以，成功打造具有国际影响力的品牌，让上海成为全球的时尚之都，这对于上海城市的发展，乃至中国经济的发展至关重要。

表 4-5　六个时尚城市的品牌对比

时尚城市	品牌数量	品牌影响力
巴黎	设计师品牌众多	享誉世界的品牌繁多
伦敦	专业时尚人士纷纷打造同名品牌	拥有许多具有国际影响力的代表品牌；众多有创意的设计师品牌引领时尚
米兰	国际品牌众多，以设计师品牌居多	品牌知名度高，时尚品牌趋于平民化
纽约	设计师品牌居多	实穿主义的着装态度影响时尚；时尚分支产业众多
东京	知名服装设计师品牌居多；电子产品品牌和时尚家居众多	电子产品引领国际时尚潮流；时尚产业多样化
上海	本土设计师品牌众多；其他时尚品牌数量较少	服装品牌的国际影响力不足

（一）品牌数量及影响力

巴黎具有众多享誉世界的国际大品牌，在时尚界的地位不可动摇，同时，巴黎高级定制的发展也成就了许多设计师品牌，完善了时尚产业链，使得这些品牌在稳固巴黎时尚之都地位的同时，也引领着全球的时尚理念。近几年，伦敦作为时尚之都的地位在不断提升，这与伦敦拥有众多具有创意思维的天才设计师们密不可分，建立了许多具有国际影响力的个人品牌。米兰作为欧洲最受瞩目的城市之一，其在时尚产业取得的成功得益于对品牌的管理，米兰的时尚品牌云集，在国际上的知名度也很高，许多家族品牌都是极具创意的，近些年为了扩大国际影响力，米兰的品牌逐渐趋于平民化，许多时尚设计师品牌运用品牌延伸的品牌战略，拓展品牌产品线，多层次的品牌结构得到了更多不同阶层消费者的青睐。纽约的时尚品牌多为设计师品牌，独特的市场商业氛围，夹杂着美国文化气息的设计，让纽约的时尚品牌在全球迅速拥有了众多追捧者，与此同时，纽约的时尚品牌覆盖了多个产业，这同样影响着纽约时尚之都的建设。东京的时尚品牌不仅占据了服装产业，最重要的是结合了许多电子产业上的经典元素，电子产品的设计与品牌影响力在世界处于领先地位。东京的时尚产业是多元化的，在各行各业都有许多令人瞩目的时尚品牌，同时东京独特的创造力也提升了品牌价值，使其时尚产业领先于世界。

（二）上海的时尚品牌

表 4-6　上海的服装品牌

品牌名称	品牌特点
三枪	座右铭为"品种是立足点，质量是生命线"。
普洛利文	"Prolivon live fashion"即"生活至上"
Lily	具有现代艺术范的女性时装品牌，核心产品风格是"力度、女性化、现代、明快"
Naivee	为都市女性设计的时尚实用服装，品牌内涵是"纯真的、质朴的"
Broadcast：播	以"坚持一切美好的事物"为品牌的核心价值
La Chapelle	具备法兰西的浪漫，展现女性的自然、健康的生活方式
AKA DESIGN	代表年轻人既努力工作又享受生活的活力，充满动感和浓厚的时代气息
劲霸	秉持"一个人一辈子能把一件事情做好就不得了"的核心价值观

案例 4-3：上海纺织时尚产业发展有限公司

该公司是上海纺织（集团）有限公司为实现"创新驱动，转型发展"战略而新组建的国有独资企业。公司秉承上海纺织"科技与时尚"的发展战略，以中高端服装服饰品牌为核心，以创意园区品牌为平台，以设计师孵化器、网络营销、文化传媒、会展活动、品牌输出、物业管理等为依托，形成完整的产业链，全力打造上海纺织时尚产业的运作平台。公司旗下拥有"Prolivon"、"EY"等中高端服装服饰品牌，"上海时装周"、"上海国际服装服饰文化节"等大型品牌商贸活动，以及"上海国际时尚中心"、"M50"、"尚街 Loft"及"上海国际设计交流中心"等总建筑面积近 60 万平方米的知名创意园区品牌。公司是上海最具规模、最具影响力的时尚创意产业企业，荣获 2011"长三角文化创意产业年度杰出企业"大奖。

普洛利文（Prolivon），是由上海纺织控股集团全新打造的高端品牌。从品牌成立开始，就致力于为每一个真正热爱时尚的"都市中坚力量"提供最高品质的服装，并且注重品质和品位的塑造。如今已在上海香港广场、第一八佰伴、月星环球港、无锡恒隆等中高档商圈开设多家品牌专门店，并将继续拓展海外市场。不仅如此，该品牌不遗余力支持体育事业，赞助 2011 年上海世界游泳锦标赛，与全世界消费者分享品牌理念及"回报社会、热心公益"的社会责任感。

表4-7 上海本土设计师品牌

设计师	品牌名称	成立年份	品牌特点
李鸿雁	HELEN LEE	2007	高端成衣品牌，守住童趣才是美
倪之华	Miss Mean	2008	Mode（时尚），Elegance（优雅），Amour（爱情），Nature（自然）
吉承	La Vie	2002	将中国元素与西式裁剪及东方人少有的幽默风格融合的品牌
谢晖	Vacio	2009	为那些对生活充满想象力的独立而具有思辨精神的女性而设计
华娟	JUDY HUA	2004	传达风雅的人生态度

表4-8 上海的珠宝及化妆品品牌

品牌分类	品牌名称	创立时间
珠宝	老凤祥	1848 年
	老庙黄金	1906 年
护肤品	佰草集	1998 年
	美加净	1898 年
	百雀羚	1930 年
	双妹	1898 年
	上海	1932 年

案例4-4：上海家化公司

在打造时尚品牌方面，上海家化是一个典型的成功案例。作为中国日化行业的优质企业，上海家化是国内化妆品行业首家上市企业，亦是中国化妆品行业国家标准的参与制定企业。1998 年，上海家化公司进军时尚消费品产业，推出了"佰草集"个人高档护理品牌，产品定位即是介于普通消费品和奢侈品中间的时尚消费品。2005 年，上海家化入股世界顶级奢侈品酩悦·轩尼诗—路易·威登（LVMH）旗下的化妆品连锁商丝芙兰的中国公司，使佰草集顺利跻身世界大牌化妆品行列，成为唯一的中国脸。

上海家化坚持发展自主品牌，并以多品牌、差异化为经营战略，使企业优化整合内部资源，同时满足多层次消费群体的不同需要，市场覆盖率始终处于国内同业领先水平，续写着中国民族化妆品行业领头羊和开拓者的荣耀。

与国际五大时尚之都对比，上海的品牌数量和国际影响力稍显逊色。虽然上海有许多出色的本土设计师，但这些设计师品牌的国际影响力却远远不如五大时尚之都，往往都是一些比较小众的设计，并未得到国际上的广泛认可。但是，上海政府已经开始注重对上海时尚之都的打造，逐步建立一系列时尚创意园区和时尚辅助产业，传统企业开始注重打造时尚品牌，上海本土的设计师也逐渐在国际上崭露头角，相信未来上海的时尚产业会更加健康、快速地发展。

第五章

上海时尚之都建设的瓶颈

基于以上四章的介绍，本章将从文化、教育、科技、品牌和产业链五个方面分析上海在建设成世界时尚之都的道路上的瓶颈。

第一节
文化瓶颈

一、海派文化影响力

从五大时尚之都发展概况来看，成为一个具有国际影响力的时尚之都一定要具备深厚的文化底蕴，同时每个城市又凭借着自身的特点以及文化间的交融而不断发展。上海作为我国的中心城市和经济、金融、贸易、航运中心，具有得天独厚的经济优势，为其打造时尚之都奠定了坚实的基础；同时，上海作为沿海开放城市，其地理位置也决定了上海文化的包容性，形成了特有的海派文化。然而，就目前来看，虽然海派文化已经提高了上海在世界上的文化影响力，但相对于五大时尚之都具有代表性的文化特点和文化产业，上海的海派文化仍缺乏鲜明的特点和与之相关的具有国际影响力的时尚品牌，以至于无法得到世界各地的广泛认同。上海本土时尚产业大多是模仿国外的设计，很少围绕东方传统文化和上海的海派文化进行创意设计，所以难以形成风格独特的时尚创意设计。

二、时尚媒体传播力度

时尚产业想要做大做强，离不开广告、杂志、报纸、新媒体等各类媒体的传播和推广。我国时尚产业已开始重视品牌的宣传推广，如上海星尚传媒有限公司是目前中国影响最大、创收最多、市值最高的时尚生活类多媒体公司之一，其传播特点是远程直播、在线和在场相结合。但目前上海的时尚媒体还存在许多问题，例如时尚媒体的数量和品牌还远不能满足时尚产业发展的需要，且现有时尚媒体受到国外的影响，不论是在媒体风格、传播内容、语言体系等都无法满足上海时尚产业的快速发展。所以，扩大时尚媒体在时尚产业发展中的作用，打造具有国际影响力的时尚媒体，对推动上海时尚产业走向国际具有重要作用。

三、文化活动影响力

时尚媒体是时尚产业发展的传播者，而时尚文化活动则是时尚产业发展的催化剂，两者对时尚产业的发展都起着举足轻重的作用。五大国际时尚之都在发展的过程中，都有一些具有代表性的时尚文化活动，如时装发布会、时装周、时装博览会、流行色发布会等时尚界的大事件。目前，时装周、时装文化节作为上海时尚产业的重要组成部分，在上海发展时尚产业过程中发挥着重要作用，也是上海本土设计品牌和原创设计师走向国际的重要途径之一。尽管上海有许多不同产业的文化节，但真正能在国际上产生足够影响的却微乎其微，所以，上海的时尚文化活动与国外相比仍有一定差距，各类时尚媒体的影响力、持续性和传播效果有待提升。

第二节
教育瓶颈

一、时尚教育影响力

综观时尚之都在世界范围内的影响力，不仅表现为高等院校在世界范围内的知名度，还表现在所培养的时尚人才的数量和影响力上。相比之下，上海在世界范围内有知名度和影响力的时尚教育院校屈指可数，而且所培养的时尚人才也较为单一。上海时尚教育院校的师资力量通常是国内的时尚从业人员，这样就造成了时尚人才设计缺乏创造性和趋同化，所以为时尚教育院校注入新的活力就显得尤为重要了。因此，时尚教育院校应该注重课程内容的多元化、学生教育的国际化和师资力量的专业化，为时尚之都的建设不断地输送符合要求的各类专业时尚人才。

二、时尚教育资源

国际五大时尚之都丰富的教育资源是推动其成为时尚之都的重要原因之一，教育资源的丰富不仅表现在院校开设的数量、院校师资力量，还表现在院校的办学经验以及在教学过程中提供给学生的教育资源。上海地处长江三角洲地区，地理位置优越，其开放的办学理念使得上海的时尚教育更容易接触到外来先进的时尚教育理念，培养具有国际化视野的时尚人才。而上海部分时尚院校专业开设并未细化，一些时尚院校、时尚专业的开设并未得到政府的重视，再加上学校教学经验不足，导致上海时尚教育资源缺乏，不能为时尚人才的培养铺垫良好的道路，为时尚之都的建设提供足够完善的人才后盾。

三、时尚人才培养机制

时尚人才是上海时尚产业发展的瓶颈之一，相对于国际五大时尚之都的人才培养机制，上海缺乏完善的时尚人才培养机制，对设计师的培养和扶持不稳定。若时尚教育水平落后、时尚人才缺乏等教育问题不能及时解决，将进一步拉大上海与其他国际时尚之都的差距。并且，如何实现时尚人才与市场的有效接轨，打造时尚人才施展才华的空间和平台也是上海需要解决的难题。只有创造吸引人才的市场环境，出台有利于创意时尚人才引进的相关利好政策，才能会聚全球时尚人才，推动上海时尚产业的快速发展。

第三节

科技瓶颈

一、时尚科技市场化

上海作为一座具有代表性的时尚城市，大到政府层面，小到媒体、企业甚至是设计师，都已经将科技作为未来时尚产业发展的重要推动因素。2016 年上海时装周已开始通过利用"大数据"来打造时尚服务平台，通过数据预测时尚趋势、为时尚产业提出专业的建议，并进行实时性可视化的处理。在可穿戴时尚方面，许多新兴科技公司开始注重对于可穿戴设备的研发，并得到了国际时尚和科技产业的认可。最值得一提的是，上海在可穿戴材料上已取得多个突破性的进展，解决了可穿戴设备的柔性问题和电池续航的难题，推动了可穿戴时尚的快速发展。尽管时尚科技有了迅速发展和突破，但目前上海的可穿戴技术与时尚的结合大多停留在概念化产品中，成为各类展会和发布会的推广热点，并没有真正融入大众消费品中，实现商品的市场化、大众化和规模化。所以如何普及可穿戴时尚，实现科学研究的市场化，产生可观的经济效益是当前所面临的问题。未来上海时尚产业的快速发展，离不开时尚科技化和科技时尚化两者相结合。

二、时尚科技创意性

科技的发展和进步及其在时尚产业中的应用，不仅会促进产业融合，也可以改变企业生产、销售模式，优化传统的产业结构。全球时尚产业的载体就是那些不断推陈出新的产品，每个时尚产品都具有自己的风格，时尚科技产品也不例外。虽然上海的时尚科技已经在快速发展，各方面也都取得了突破，但时尚科技产品的种类却很单一，还停留在一些基本的配饰上，时尚科技产品的样式也都大同小异。时尚科技产品虽然在技术上有所突破，但时尚产品最终是为消费者服务的，只有当消费者感知到了设计师对时尚的理解，才可以说这个产品引领了时尚。所以，时尚类科技企业和科技类时尚企业应该把握住时尚的脉搏，设计出既高科技又具有创意的时尚产品，这样才能持久地发展下去，避免被市场和消费者淘汰。

第四节

品牌瓶颈

一、品牌国际影响力

从品牌来看，国际五大时尚之都各具时尚特色，相比之下上海的品牌数量和国际影响力就稍显逊色。近年来，上海的时尚产业已经取得较大进步，涌现了一批设计师和品牌，其中也有许多出色的本土设计师，但几乎没有具有国际影响的本土品牌，品牌层次和产品结构的雷同使这些品牌容易淹没在时尚的海洋中。这些设计师品牌往往是一些比较小众的设计，缺乏本土的时尚创造者、引领者和著名品牌，模仿多，创意少，未找到自身品牌的明确定位，难以体现与海派文化相关的消费潮流、消费理念和时尚特色。一些本土设计师品牌虽已在国际上崭露头角，但这些设计师品牌的国际影响力还远远不够，并未得到国际上的广泛认可。所以，上海目前还只停留在时尚消费之都，而不是一个创意之都、品牌之都。

二、打造上海本土品牌

如今时尚品牌已经更多地成为消费者身份的象征，所以一个品牌一定要具有自己的价值理念和文化内涵。而目前上海的时尚品牌往往缺乏原创能力，以腕表行业为例，目前上海本土腕表品牌数量极少，且腕表的设计能力薄弱，品种造型单一，很难看到技术上的创新与突破。原创能力不足，没有自己的品牌风格，就难以生产自主品牌，难以维持品牌的长期发展。所以，上海时尚企业只有创造出具有本土特色的时尚品牌，才能与国外的时尚企业相竞争。如果一味地模仿国外的品牌，不仅会丧失自己的品牌特色，还会限制品牌未来的发展空间。所以，打造上海本土的特色品牌，将民族文化与国际时尚紧密相连，是当前时尚企业急需解决的问题。

第五节

产业链瓶颈

一、时尚产业链

上海已经拥有了一批国内知名度很高的企业，如上海家化、老凤祥、上海纺织等，但大多数的时尚企业还处于摸索阶段，与国际五大时尚之都发展成熟的时尚企业相比，上海时尚企业的规模、产品附加值、知名度、影响力等都存在显著差距，时尚产业链发展尚不完善，这不仅表现在时尚企业品牌集聚度低、品牌少等，更重要的是在观念、体制、政策等方面还存在一些亟待解决的问题。而且，上海时尚产业的各分支产业联系不紧密，只关注自身的产业发展，存在着缺乏大局观，产业链融合度低，一体化程度不高，产业链整合能力不足等一系列问题。所以，对上海时尚产业来说，完善时尚产业链，形成具有一定体系的时尚产品和规模性的时尚制造能力，提高时尚产业链的国际竞争力和影响力，缩小与五大时尚之都的产业链差距应为关注的重点。

二、商业街区特色

作为时尚消费的重要载体，上海的商业街区、商圈的功能不断完善，业态日益丰富。如南京路、淮海路、徐家汇、张杨路等商业圈，近些年开始不断崛起，但是，上海的商业街区、商业圈在时尚产业发展层面来说，仍存在时尚特色不够鲜明、缺乏时尚文化内涵等本质上的问题。要想推进时尚消费的持续发展，解决商业街区的同质化，打造具有特色活动、主题文化的商业圈，对满足顾客的个性化消费需求、激发时尚消费、突破产业链瓶颈显得尤为重要。

第六章

消费与上海时尚之都建设

改革开放以来，上海的发展可谓一日千里，"时尚、活力"成为大多数外籍人士对上海的普遍评价。上海是文化之都，海派文化是上海文化的精髓，不断向外传播和对外展示。上海是一个兼容并蓄的城市，其城市发展理念及规划均走在全国前列，整个城市充满了积极向上的生机和活力。上海的丰富与开放让世界各地的人都能找到熟悉的归宿感。上海正在成为国际性的世界大都市，并已逐步向第六大全球时尚之都迈进。而如果想要获得这一殊荣，其基石即是时尚消费力的不断扩大。时尚产品具有高附加值的特点，上海每年从时尚行业获得巨大的经济利润。本章将探讨上海如何在消费方面进行努力，使其更好地为上海时尚之都提供支持。

第一节
拉动上海时尚消费的内需

一、增强科技创新，提升产品设计和质量

科技创新已经成为推动经济社会发展的主导力量，而时尚作为人类文明发展的重要标志，越来越离不开科技的支撑。近几年，新技术、新设备的应用已经给

时尚产业带来革命性的升级换代，数字化的生产方式、智能化的设计制造、融合大数据的销售平台等科技创新成为现如今时尚产业发展的重要模式，时尚产业的转型升级要适应和推动这种发展趋势。

当下时尚品牌与高科技技术的融合合作正不断趋于成熟化。众多时尚品牌纷纷寻求与有创意、有效果、有价值的高科技技术进行合作，以改变原有的产品结构、制造新型产品、吸引消费者、抓住顾客群、提升品牌竞争力。品牌与科技的结合正逐渐被时尚企业和消费者接受和追捧。许多正在被淘汰、处于没落边缘的老牌时尚企业正试图将科技融入产品之中，推动产品和品牌转型升级，并且从自身出发，思考品牌重新焕发青春的下一步出路与路径。一些独立设计师品牌也开始注重科技与时尚的融合，以寻求更好的发展，在提升产品设计和质量的同时，提升品牌的竞争力。

案例6-1：RICO LEE 2016 秋冬科技户外系列

科技创新是改变整个世界的强大力量，如今科技更是深入到我们生活的方方面面，结合得越来越紧密。RICO LEE 作为首个中国原创户外品牌登陆上海时装周，其2016秋冬科技户外系列的设计以"科技"作为主题，将科技与美完美融合，经过设计师的巧妙设计，在提升服装舒适度的基础上，还展现了科技时尚性感的一面。例如，传统羊毛在经过贴膜、复合等专业工艺处理后具有了防风、防水、透气等全新功能。此系列全部采用极具力量感的直线型裁剪，在细节处使用的激光切割、无缝焊接等专业工艺又极大地增加了科技含量和运

RICO LEE2016 秋冬科技户外系列

资料来源：http://fashion.china-ef.com/20160414/261362.html.

动感。而这些科技方面的提升，吸引了上海本土消费者的眼球，提升了品牌的经济收益。

毫无疑问，科技创新的提升，智能化工厂的打造都将带来时尚产业的大幅升级，包括设计、制造、营销等各个环节都会产生深刻的变化，借助现代科技的思维，时尚产业同样会面临巨大的改变。这种改变会为消费者带来更多的福利，满足消费者对时尚和科技的追求。这种改变也将大幅度提升时尚产品在生产过程中的信息化、可视化，将产品的设计与质量做到极致。大力提倡科技创新，将让更多的时尚企业在寒冬中看见希望，增加信心和勇气，并对未来上海时尚的创新和可持续发展产生深远影响。上海时尚产业的科技创新，定会为上海时尚之都的建设创造下一个辉煌。

二、植入文化要素，增强品牌的设计底蕴

随着市场竞争的日益激烈、时尚消费的日益成熟，消费者对于时尚的需求不断体现"个性化"及"突出文化价值"等特点。所以，时尚企业要有意识地将消费者的情感诉求、审美情感、价值观等融入时尚产业的设计中，以产品为载体，向品牌投入文化，在满足消费者时尚需求的同时，取得他们对于时尚产品的文化理念的认同，实现品牌的目标。

作为上海国际时尚之都发展的重要影响因素，海派文化对上海时尚品牌的发展具有重要的作用。如上海老字号"老凤祥"、"双妹"、"回力鞋"等品牌，都将上海的海派文化注入到了时尚产品的设计中，传承了上海的民族文化，在赋予时尚产品文化内涵的同时，也是对上海传统文化的继承与创新。

上海有着丰富的海派文化内涵。海派文化的魅力，海派生活风尚的绚丽，海派设计的精妙，所有这些都值得我们去探究一番。在了解海派文化的基础上，发扬海派文化兼收并蓄、灵活创新的传统，将时代要求与文化记忆有机结合，寻求适当的设计创意形式，用清晰可见的文化表现方式，表达海派文化中至关重要的抽象概念，让海派文化的传承和上海国际文化大都市、设计之都的建设之路走得更加顺畅，让上海离成为国际时尚之都不再遥远。

三、培养极高品牌忠诚度的消费者

完善的品牌建设是时尚产业一直不断追求的目标，提高品牌忠诚度是创造和

保持强势品牌的必由之路。只有充分认识到品牌忠诚度的内涵和价值意义，努力提高消费者对品牌产品的忠诚度，才能有效地提升时尚企业的品牌资产和价值。

案例6-2：经典"回力鞋"的品牌突围之路

回力鞋业创建于1927年，是中国最早的时尚胶底鞋品牌，1997年曾被认定为上海市著名商标，20世纪80年代曾是潮人的标志。改革开放后，大量运动鞋品牌进入中国市场，已有50多年历史的回力鞋虽然知名，但是它的第一品牌概念已经逐渐淡化。人们对于回力鞋的印象仅是跟农民工阶层联系在一起，因为它便宜、耐用，而不再是高端品牌。

而随着人们对生活品质要求的提高，消费者对时尚的需求不再只是物质上的舒适，更多的是精神层次的追求，是一种对个性、时尚、文化的追求。

2008年，海外复古风将经典国货鞋推至欧美时尚的前沿，使得在国内已慢慢淡出人们视线的回力鞋，一时间成为潮人的新宠。同时，北京奥运会的召开，也激发了运动类民族品牌的市场需求。回力球鞋迎合奥运元素，开始推出多种球类运动的专用鞋，大打"运动牌"。"世博风"成为继"怀旧风"、"奥运风"后回力鞋品牌升级的又一契机，回力鞋与上海创意产业联手打造品牌新形象，推出"创新回力，畅想世博"主题活动，由几十双主题手绘鞋汇成新概念的回纹，打造新回力的形象。回力鞋开始迎合年轻人的偏好，开发个性化的时尚产品。

回力鞋重回大众视野

同时，在销售模式上，回力有步骤地进行一、二线城市的渠道策略实施，确保回力有自己的销售网络。并通过旗舰店推广回力，开设顾客直通车，与消费者交流，让目标客户群体了解回力，成为回力的忠诚粉丝。

回力通过新的营销策略，研发新产品，利用产品蕴含的浓厚中国历史风格进行特色营销。借助"怀旧风"、"奥运风"、"世博风"等，不断将品牌推入消费者的视野，提高产品核心价值，通过不断完善自身销售系统，打开了高端市场，在市场中重新崛起，抓住了消费者的心，最终提高了消费者对回力的品牌忠诚度，取得了巨大的成功。

资料来源：http://wenku.baidu.com/.

从上海老字号——回力品牌的忠诚度营销上，我们可以总结出以下几点：

首先，时尚企业要树立良好的品牌形象，除了提供独特的产品和个性化的服务以外，在品牌管理上要格外严谨，向外界塑造统一的品牌形象。此外，提供良好的服务和支持系统也是时尚品牌企业的核心竞争力之一。在众多的时尚品牌中，能为顾客提供个性并极具特色的产品的企业才能赢得顾客的青睐。而服务水平对于顾客的满意度和忠诚度起着十分重要的作用。许多高端时装品牌都有强烈的服务意识，通过为顾客提供一个温馨、私人化的购物环境，提高顾客的购物体验，从而极大地提高顾客的品牌忠诚度。

其次，在这个信息化时代，广告的影响也十分重要，它不仅是品牌吸引潜在顾客的营销手段，同时也是与现有顾客沟通交流的方式。好的广告可以准确地表达品牌内涵和文化理念，将这些信息传达给目标客户群，从而增强顾客的品牌忠诚度。

最后，对于品牌的忠实粉丝，时尚品牌要进行正面引导，不断努力，以达到消费者的需求。一方面企业可以将最新的时尚元素融入到时尚产品的设计中，维持顾客对品牌的新鲜感；另一方面企业可以从客户资料维护方面入手，尽量完善对每一位客户的了解，有针对性地满足顾客的需求，从而赢得顾客对于本品牌的忠诚。

第二节
绿色时尚、健康时尚消费

一、时尚行业绿色消费

随着人们环保意识的增强，消费观念也在逐步更新，绿色时尚正快步迈进人们的生活。如今的消费者对时尚的追求已不仅仅是款式新颖、做工精细，更希望能穿出品位、穿出健康。注重打造时尚绿色健康产品，扩大时尚产品绿色消费，对促进上海时尚产业的发展能起到积极的推动作用。

随着经济的发展，再加上受绿色消费理念的影响，消费者在选购时尚产品时除了考虑实用和审美等因素外，也开始注重该时尚产品是否具有安全环保、能保护身体免受外来侵害、无毒副作用等"绿色功效"。为了迎合消费者在绿色方面的需求，一些品牌在营销过程中也开始倡导环保理念，这体现了人类关爱健康，与自然界和谐相处的愿望，但无论是在绿色消费观念还是在绿色消费行为上，我国与发达国家还是有一定差距的。

最新发布的《水源风险报告》中指出，纺织工业是中国目前最主要的污染和水资源密集型行业之一，尤其是以快时尚为主的产业，带来了许多短期和长期的风险。为此，许多快时尚品牌开始做出实际行动来提倡绿色消费，如瑞典著名快时尚品牌 H&M 在一些大型旗舰店铺贴上了墨绿色的海报，成立了"H&M 环保自觉行动基金会"，用柑橘皮制作布料，支持用废弃棉制作新织物。再比如，2015年，阿迪达斯推出了一款用海洋废物制成的新跑鞋，这些新技术已被证实既能节约成本，又能减少用水量和化学试剂用量。

然而，绿色消费之路走得并不容易。比如有机棉的生产周期非常长，且生产成本也较高，这与时尚的本质（不断更新不断变化）背道而驰。为了正确引导消费者购买绿色时尚产品，时尚品牌往往会推出一条特殊的绿色环保产品线，与普通的产品区分开。当然也有一些时尚品牌的品牌理念就是绿色。将绿色设计融入时尚产品中，从而提高消费者对环境的关注和社会认知。上海时尚品牌"之禾"即是一个从绿色出发的时尚品牌。它的所有产品均由纯天然环保材料制成。例如其衬衣的面料是有机棉，而扣子由天然贝壳制成。这些材料在生产过程中十分环保，在未来还可降解。

对于上海时尚产业而言，绿色是一种世界性的时尚潮流，在这种潮流下的绿色设计、绿色生产、绿色工艺、绿色营销都将获得广阔的市场潜力和空间。发展绿色时尚产业，关键在于要大力推广和宣传，教育消费者绿色的重要性。上海时尚产业想要在这个重大的商业机会中旗开得胜，需要对世界传递上海绿色时尚产品的价值所在，从设计、生产到营销均植入绿色的理念。

提倡绿色消费，不仅是时尚理念的创新，也是经济呈现良性发展、社会可持续发展的必由之路。在时尚产品设计中，上海的设计师应该将绿色原材料、绿色消费理念融入产品中，在高端引领中掀起时尚消费新观念。在制造领域，上海的时尚企业可以尽量采用无污染、无危害的原料、设备及工具，在生产过程中减少碳排放和净化污水。在保证时尚产品质量的同时，保证绿色生产。在产品消费中，用绿色消费引导绿色生产和绿色设计，用理性的消费行为、高端的消费理念促进上海时尚产业经济的良性发展。

二、时尚行业健康消费

以前，人们对于时尚产品的追求仅限于对材质、款式和色彩的追求。现在，人们已不仅仅满足于这些，而是逐渐重视衣着是否环保，是否会影响身体健康。人们希望时尚产品在带来愉悦的同时，也能带来健康的享受。可见，未来时尚产品健康化将是一个主流趋势。健康时尚将成为未来时尚行业的发展趋势之一，即将健康医疗等一些关于健康的科技嵌入时尚产品中。时尚产品不仅是一件衣服、一块手表，它更是健康的监视器和疾病的治疗师。

案例 6-3：时尚健康消费引导者——翰临科技

上海翰临电子科技有限公司（HiCling）成立于 2013 年，是一家新兴高科技研发公司。该公司致力于健康可穿戴设备的研发，通过传感器技术创新来打造能够多维度监测人体健康信息的智能可穿戴设备。

翰林科技创立之初，研发了可穿戴手环等健康设备，该公司下一步的发展重点是打造"多维度数据生态系统平台"，通过打造翰临自己的生态圈，为进

翰林科技研发的时尚健康产品

军医疗健康领域做准备。用户的数据能够通过 Cling 的数据平台分享，这也能为将来针对个人的医疗健康建议提供数据支撑，为公司占领时尚健康消费市场打下坚实的基础。

翰临科技在做专业运动、深度健康方面的项目，希望将来能全面进军医疗服务行业，并预计在近两年发布一系列医疗设备，在发布可穿戴产品的同时，完善公司在健康消费领域的生态圈，提高消费者的健康意识，引领时尚健康消费。

三、时尚绿色、健康消费的发展趋势

（一）时尚绿色消费发展趋势

1. 绿色制造

2016 年，"十三五"规划纲要草案提出实施制造强国战略，深入实施"中国制造 2025"战略，以提高制造业创新能力和基础能力为重点，推进信息技术与制造技术深度融合，促进制造业朝高端、智能、绿色、服务方向发展，培育制造业竞争新优势。

全面实施绿色制造工程是建设制造强国的战略任务，也是推进供给侧结构性改革的重要举措。积极培育节能环保等战略性新兴产业，必须补上绿色发展这块短板，进一步降低企业能耗、物耗等生产成本，加快增加绿色产品供给，引导绿色消费。构建绿色制造体系的重点是以企业为主体，以标准为引领，开发与建设绿色产品、绿色工厂、绿色工业园区、绿色供应链，以绿色制造服务平台为支撑，发展绿色消费。

绿色制造过程中要形成产业链生态的创新。一方面，时尚企业要关注时尚产业链的绿色制造。发展生态环保纺织最主要的是实现全流程控制，包括新材料技术、生产清洁技术、节能技术以及产品的回收、安全处置与再利用等。时尚企业可以通过技术创新与设备改造实现印染排放的再利用与无害化处理、环境治理、低碳服务等的生态环保。另一方面，要从技术导向转向产品导向和市场导向，向消费者灌输绿色消费理念，告知消费者绿色的重要性，并且将时尚供应链转型为更系统化与透明化的供应链体系，让消费者亲眼可见绿色材料、工艺、技术，通过绿色消费理念的传播对消费者产生影响。

2. 绿色设计

现在，人们绿色消费的意识已经逐渐强化，更重视产品的环保性、安全性，在穿着上也更倾向于舒适、简约、自然的风格。绿色设计可以说是一种生态设计，是在产品的设计中着重考虑产品的环境属性，在满足环境要求的同时，保证产品的使用功能。作为时尚产品设计师，可以主要从环保主义、简约主义和自然主义三个角度考虑，提倡绿色消费的理念。

（1）环保主义。

环保主义设计风格主要体现在设计师对于材料的运用上。例如通过将废弃物再生利用，减少自然环境污染，积极开发和使用环保材料，实现环保主义设计风格。设计师可以通过以下几点进行时尚产品的设计：一是利用废弃物作为主要材料进行设计创作，通过回收旧材料、旧衣物，巧妙构思重新加以利用，来达到倡导节约理念的绿色设计；二是通过利用新型环保材料来进行绿色设计，诠释时尚；三是通过在产品设计中使用仿毛皮或者有动物纹样的面料来取代真皮，呼吁人们保护环境、保护野生动物，来表达绿色环保设计的理念。

（2）简约主义。

简约主义的设计体现现代人追求简单的生活理念，即在设计思路上将时尚产品的设计简单化、细节设计精致化，反对铺张浪费，减少对材料资源的需求，提倡节约。简约主义要求设计师在进行产品设计时，追求以少胜多，以较少的设计元素来追求产品的美感，提升时尚产品整体的审美，追求时尚产品本身的内容，用最少的素材发挥最大的效应。

（3）自然主义。

自然主义的设计风格追求的是人与自然的和谐美，是绿色设计的另一个趋势，表现现代人渴望回到自然、追求自然的生活理念。在产品设计上，用自然、朴素的造型以及以自然色彩为主色调的设计等来体现人与自然的和谐，通过绿色设计倡导绿色消费理念。

（二）时尚健康消费发展趋势

1. 可穿戴智能设备——监测人体健康

未来的可穿戴设备可能会更强调健康元素。但是如果单纯地以健康作为可穿戴设备的卖点，那么必然会限制可穿戴设备的市场，无法形成时尚潮流。虽然健康消费将会是未来时尚产品的一个发展趋势，但健康消费不同于娱乐、应用、技术等应用范畴，它会涉及更多的重要因素，因此监控和监管方面的应用对于健康消费来说更加重要。

另外，也不应该把可穿戴设备仅仅定位于健康应用这个相对狭小的范畴里。可穿戴设备进入到健康消费的范畴里可以让用户更简单地去分析自己需要完善的地方，引起消费者的重视。所以，如果能够通过更完善的应用科技支持健康消费，将应用科技作为一个终端来诠释时尚产品的内容，则会开拓可穿戴设备的市场。

2. 时尚产品新材料——保护人体健康

随着生活质量的提高，追求无污染的生存环境已成为人们生活的主流。除了可穿戴设备监测人体健康之外，越来越多的消费者开始关注时尚产品本身与自身健康的关联度。一些时尚企业已经着手"健康时尚产品"和"绿色时尚产品"的研究开发工作，通过开发时尚产品新材料，从本质上来保护消费者的健康。例如，在服装材料中，天然彩色棉服装原材料的出现和以这种原材料织造的绿色环保服装，既提倡了环保理念，又保护了消费者的身体健康。在未来，科学家还将研制出通过光的反射作用产生不同色彩的环保服装，更利于人体健康，推广绿色消费、健康消费。

第三节
时尚消费与"互联网+"

一、O2O 与 Omni channel

面临时尚产业电商冲击、品牌定位与设计矛盾等多重发展困境，传统时尚产业正围绕数字化、信息化方向进行探索。我国时尚产业数字化零售虽起步较晚，但成长迅猛，电商市场的潜力非常可观。同时，随着移动端逐渐成为电商市场的主要平台，将不断促进时尚行业数字化零售向电商多渠道、O2O 跨渠道、数字化全渠道的全面转型。

从 O2O 向 Omni channel 迈进，时尚行业已打破过去线上线下单纯的竞争关系，形成了跨渠道的良性互动，提升了消费者的体验。但其本质仍是从品牌和零售商的角度考虑，通过营销来吸引消费者，进行客户资源的共享和业务劣势的互补。

那么，时尚企业应该如何真正从消费者的角度出发，与消费者建立情感联系？时尚企业应跨越目前时尚行业数字化零售发展的普遍问题，率先寻求突破，在竞争中取得优势，灵活应对消费者的个性化需求。时尚企业可以从以下几点入手：

1. 继续崇尚消费者至上的理念，以消费者为中心

如今 O2O 已在品牌和零售商之间产生联动，但为消费者提供的仍是不同渠道的不同购物体验，并未形成真正的统一。向 Omni channel 转化意味着淡化线上线下的界限，转变为展示、沟通、交易、配送的综合系统，为消费者提供完整的购物体验。因此，时尚品牌在规划时需要以消费者为中心，将其纳入业务规划范围内。

时尚产业可以充分利用社交类新媒体开展业务，在设计创新体验的同时，在每一个媒体平台上提供新的产品内容，为消费者创造便捷。同时，实体店也可以通过融合数字化技术，使消费体验得到升级，线上线下各渠道之间形成联系，淡化界限，为消费者提供高度一致的购物体验。

2. 实施感情营销，与消费者建立情感联系

时尚品牌的传统线上营销内容往往较为单一枯燥，基本上局限于单方面向消费者灌输品牌信息。而在移动互联网时代的线上内容，应该以真正的社交互动方式进行沟通，而不仅仅将线上作为品牌的公告栏。

时尚品牌应重视与消费者的线上互动，例如微信公众号的优惠信息推送、时尚潮流资讯等。时尚产业的线上营销可以融入一些符合品牌文化的内容，通过提供生动个性的内容与消费者形成情感联系，延伸消费者的品牌体验。

3. 利用大数据收集消费信息，并且预测消费

时尚企业需要明确消费者的需求，例如采用大数据技术，建立数据库，收集实时数据，进而获取消费者对时尚产品的需求。时尚产品的变化极快，消费者对时尚产品的需求变化也极快。随着技术与分析能力的不断发展，时尚品牌可以考虑与外部形成数据联盟，获取关于目标客户新的消费信息，从而有助于时尚企业更全面地了解顾客的需求。

4. 建立客户关系管理体系，借助移动端进行会员管理

时尚品牌可以自主开发移动端 App，创建与消费者生活相关的积分体系，实行消费者会员管理，与消费者的生活建立联系。移动端可以安装在时尚可穿戴设备上，实时记录消费者积分，吸引用户聚集，同时也形成了获得消费者海量数据

的渠道。

二、时尚在"互联网+"中的体验

对于传统时尚产业而言,"互联网+"的变革之路势在必行。无论是新硬件时代还是工业 4.0 时代,"互联网+"都已成为一种新的营销思维,一种重要的工具和渠道。互联网就像是一个超级市场,里面蕴含着消费者所需的海量资讯。"互联网+"是对配置的优化,即通过互联网的思维去重构产业。"互联网+"对于上海的时尚产业至关重要。

案例 6-4:时尚界的"互联网+"思维——"有范"App

"有范"App 是由美特斯邦威在其成立 20 周年之际推出的一款 App,是全球首款以时尚搭配体验为载体,整合全球有生活态度的时尚产品,打造低成本、零风险的智能化创业工具和时尚搭配体验平台。它也成为了传统行业中首个借力"互联网+"实现战略转型的移动终端。

美特斯邦威推出"有范"App 的意义在于:一是公司再度领先于业内,在时尚服装业打造移动端众筹模式;二是"有范"App 是公司"互联网+"战略的延续,公司 4000 多家门店进店人数达到 3.5 亿客流量,推广 O2O 奠定了互联网运营思维的基础,打造线下体验店,提升客户体验,这次推出"有范"App 是将以往经营成果上置云端,实现由点至面的全面扩张;三是目前终端低迷、加盟商信心不足,通过借助"有范"App 为终端提供创业工具,也是弥补线下被加盟商放弃的这部分市场。

最令人欣慰的是,每一个消费者都能够成为"有范"的经营者,如果你的穿搭建议被下单,便可以获得相应的收入分成,这不同于以往类似的时尚类App,让"有范"成为了一个更加众筹化的时尚类媒体平台,对消费者也更具吸引力。这也是美特斯邦威将全球时尚视野与互联网思维完美结合的典范,将"互联网+"思维注入时尚产业,从而实现自主品牌到全球时尚产业的转型升级。

资料来源:http: //sh.sina.com.cn/fashion/.

在"互联网+"时代,消费者可以通过移动终端与专业造型师零距离沟通,通过查看以往的穿搭造型,在海量的国际国内个性化时尚品牌中挑选适合自己的风格,实时在线与造型师进行交流,获得定制化的专属建议。不仅如此,通过

"互联网+时尚"的产业链重构，消费者可以对造型师建议的搭配给予及时的反馈，对于满意的建议可以一秒钟下单，利用碎片化的时间就能高效率完成购买。

未来，"互联网+"时尚消费模式将呈现以下发展趋势：

1. "互联网+实体"

"互联网+实体"相当于"online to offline"，线上与线下相结合，二者优势互补，相互促进。互联网消费对于消费者来说十分便利，但是对于互联网上的商品，顾客看不见，摸不着，难以信任其质量，不能拥有在实体店亲身体会商品的感觉。而实体店具有互联网所不具备的优势，"互联网+实体"将是未来的发展趋势。著名快时尚品牌 Zara 和 H&M 利用现有的线下门店进行销售、展示、体验、物流、售后等活动，同时在线上平台进行同价销售，实现了"互联网+实体"的完美结合。

2. 提倡客户体验

目前许多时尚定制平台为消费者提供时尚定制服务。消费者可以根据自身的喜好，自由选择时尚产品的颜色、款式、性能等，个性化的时尚定制产品可以极大限度地满足顾客的需求。在这个定制过程中，时尚消费者不仅是产品的"消费者"，更是产品的"创造者"。这样的参与过程增加了消费者的客户体验。

3. 大数据预测消费

每个顾客在消费的过程中都有独特的消费习惯。电商企业可以通过互联网技术收集消费者在消费过程中产生的数据，根据消费者的浏览记录，实时预测消费者的潜在需求，为消费者推荐适合的商品。如消费者和商家达成购买订单，大数据会记录订单信息，商家新品上架时会实时推荐给消费者。电商平台通过记录消费者购买记录中的行为，能够挖掘大数据，做出惊人的预测。

三、时尚定制消费

在传统工业时代，生产流水线这个特征非常明显，甚至可以肯定，我们生活中所使用的产品几乎都是从流水线上生产下来的，产品趋于同质化，也体现不出消费者的个性化需求，并没有真正满足个人需要。

如今，随着"互联网+"的发展，各行各业都在利用互联网进行转型升级，随着人们生活水平的提高，对自我需求的满足也越来越多元化、个性化，消费者的表达更加直接，时尚行业的发展开始呈现对消费者需求的针对性服务。时尚企业深知互联网用户对时尚产业的选择正逐渐趋于个性化、理智化，所以，为了满足消费者的需求，满足信息化时代发展，迎合消费者的个性化追求，时尚企业开始开辟"大规模量身定制"这一尚未被真正重视的领域。

案例6-5："我奇"诠释个性化需求

上海我奇网络科技有限公司于2013年开发出"我奇"App，这是一款以移动互联网为载体，利用手机就能够让用户自行设计衣服，任意绘制或自己想要图案或文字的App。这个软件颠覆了服装制造的传统模式，激发了用户的创作灵感，彰显个性，追求自我。

"我奇"App的推出，让每一位消费者都能穿上限量款的衣服。这也是"我奇"的价值所在，体现了现代人对时尚的态度，表明了人们对于追求自我的人生态度。这样一个"互联网+定制"的时尚平台，让消费者尽情发挥自己的创意，打造属于自己的时尚产品，做不一样的自己。

当然，"我奇"在提供创意平台的同时，也注重产品的品质。在T恤面料的甄选上，"我奇"采用百分百澳洲进口长绒棉，所以在服装的触感和质感上都保持了高度统一。除此之外，用户设计的涂鸦、文字、照片等图案，在制作时都采用了顶级环保活性染料，不仅透气舒适，还不会对皮肤造成刺激，尽量为消费者的健康着想。

"我奇"的出现，不仅是潮流、创新的体现，更本质的是引领传统服装行业向服装制造的回归，是对以往私人定制模式的回归。

资料来源：http://www.yoka.com/.

当中国的"互联网+"遇到"工业4.0时代"，人们的个性化需求被逐渐放大，私人定制成为了新的时尚消费热点，人们希望利用信息技术来发挥自己的创意，而时尚定制消费，无疑激发了人们的潜在能力，满足了消费者的个性化需求。然而时尚企业在个性化定制的道路上还有很长的路要走。大众定制是模块化生产的产物。时尚产品的款式、颜色等变化巨大，如何进行有效的模块化生产是时尚行业定制的难题。

第七章
文化与上海时尚之都建设

文化是城市的本质属性和核心功能，城市文化是城市人格的表现，是一个时代的时尚总汇，如服饰时尚、腕表时尚、建筑时尚、旅游时尚等。城市文化作为城市形象的重要塑造要素，具有集聚性、辐射性、开放性和兼容性的特点。这些特点对于城市形象的形成起到至关重要的作用。由此可见，上海要想成为时尚之都，就需要从文化的角度进行引导，并利用文化的系统构建提升城市形象，推动城市健康发展。

第一节
突出上海特色，弘扬海派文化

海派文化起源于吴越文化，它在传统文化的基础上融入了西方现代文化的精髓，并逐渐成为上海的文化代名词。在历史的长河中，上海作为中国的航运中心、贸易中心、经济中心和金融中心，一直走在中国乃至亚洲的最前列，任何一种文化流派都在这里交织扩散，"海纳百川"成为海派文化的精髓，它的开放性和包容性成为了海派文化的重要组成部分。每一种文化都需要传承，同样更需要创新，只有去其糟粕留其精华才能在时代的发展中经久不衰、日益繁荣。海派文化亦是如此。早在海派文化的萌芽期，其创新性就为学者所称道，创风气之先，不故步自封，时刻与时代发展主题相结合。城市文化的创新能力也成为城市综合竞争力的关键要素之一。在数字化和信息化迅猛发展的今天，海派文化也被赋予了新的含义，即国际性、公众性、艺术性、创新性和长效性。以下将从海派文化与时尚风格的融合、海派文化对本土设计的影响，以及海派文化在城市建设中的地位三方面进行论述。

一、海派文化与时尚风格的融合

海派文化有着丰富的内涵，海派文化的属性为时尚奠定了重要的基础和内涵。深度的文化包容、悠久的文化积淀、多元的文化交融、丰富的文化活动引领了上海百年的时尚发展。外滩的万国建筑群、豫园的石库门、海派旗袍等都为海派时尚提供了鲜明的文化要素，为海派时尚风格的塑造奠定了坚实的基础。

1. 海派文化影响时尚风格的塑造

时尚易逝，风格永存。时尚风格作为连接过去和未来的一条时光隧道，在不断传承和创新过程中赋予了文化新的含义。海派文化作为上海的文化名片，对海派时尚风格的塑造产生了巨大的影响。

（1）海派旗袍。

人靠衣裳马靠鞍，"穿在上海"构成了这个大都市有别于其他地方的城市形象。海派旗袍是上海女人在20世纪三四十年代不可或缺的经典之作，是那个时代上海女人的一个标志。海派旗袍在承接传统的同时，也在吸收时尚，进行改良创新。海派旗袍多以简洁、精致、细窄的剪裁为主，线条的处理又善于使用女装洋服连衣裙的造型处理方法，这不仅是对女性美的一种解放，更是海派文化的一股强大推动力。

图 7-1　海派旗袍

（2）海派建筑。

从见证上海历史发展的万国建筑群，到具有影响力的金融中心陆家嘴，再到融合中西方元素的上海新天地，以建筑角度来看，这些都或多或少体现了海派文化的一脉相承。如万国建筑群融合了哥特式和巴洛克式建筑风格，陆家嘴金茂大厦则融合了我国古代的设计理念，而上海新天地是以上海独特的石库门建筑旧区为基础进行改造和设计的，并融合了新的元素。

所以，海派建筑勾勒出的上海代表了这座城市的历史发展，万国建筑群代表了上海兼容并蓄的人文精神，陆家嘴金融圈代表了上海未来的发展方向和开拓进取的精神，新天地则是对海派文化的升华。这些建筑都体现了海派文化中包容、含蓄、创新的特点，将不同类型的建筑和文化融为一体的独特风格。

2. 海派文化营造时尚活动的氛围

海派文化作为促进上海时尚产业发展的内在动力，目前各式各样的时尚活动都以海派城市文化为出发点，以海派建筑为场地，深入挖掘海派文化元素，通过时尚产业链的整合，打造具有海派文化特色的时尚活动。通过时尚活动的举办，传播海派文化，扩大海派文化在国际上的影响力。

上海时装周是推动上海时尚产业发展的重要因素，是传播海派文化的重要途径，是时尚最重要最集中的信息源。上海时装周始终坚持弘扬中国原创设计力量，助推自主品牌的创新发展，传承海派文化，推动时尚产业链的形成，因此上海时装周代表着上海时尚产业的未来与希望，每年这里都会融合时尚产业的新生血液。

日本社会心理学家甫博将流行分为三类：物的流行、行为的流行和思想观念的流行，而这些信息最好的传播载体就是名人，即利用名人效应。借助名人的影响力和号召力，往往会引起强烈的关注和大面积的模仿，这样可以达到最好的传播效果。所以，每年的上海时装周都会邀请一些行业内具有影响力、出色的本土设计师来助阵，如李鸿雁、熙素、吉承等具有独特东方风格的设计师。同时邀请众多国内外影、视、歌的大牌明星助阵代言，提升时装周的社会影响力。

上海时装周借助于具有特色的独立设计师品牌，提升时尚活动的文化内涵。如今越来越多的中国元素被国外设计师所青睐，但他们通常都是将元素简单地应用于设计中，往往不能理解中国元素的文化内涵。上海时装周将本土设计师的设计借助 Showroom 的形式展示出来，突出作品中的中国元素来吸引海内外设计师与国际品牌的关注，从而达到弘扬中国传统文化的目的，推动上海时尚活动走向国际视野。与此同时，迅速崛起的 Showroom 商业模式和各类展会的存在和发展，使得上海时装周的整个产业链更加完整，也更加专业化和国际化。

在"2016 海尚国际论坛"上，上海时装周主委会与巴黎时装周主委会签订了战略合作备忘录，加上 2015 年中英文化交流年和米兰世界博览会开展之时，上海时装周主委会分别与伦敦、米兰两大时装周的主委会签订了战略合作备忘录。从这些战略性国际合作的开始可以看出，上海正努力迈向世界第六大时尚之都，并且聚焦于突出上海本土特色，弘扬独具海派文化特色的设计与品牌，致力于将上海打造成一个具有上海独特特色的国际时尚之都。

案例 7-1：海派旗袍的前世今生

中国对于世界时尚舞台的影响中，旗袍是最浓墨重彩的一笔。对中国人来说，旗袍不仅是一条裙子，也是一种生活方式，是那个年代女子个性解放的标志。旗袍也是海派文化与时尚风格融合的经典案例。

20 世纪 30 年代的上海滩，女明星穿旗袍，确实是当时吸引人们眼球、推动时代发展的一道亮丽的风景线。那时上海的旗袍以海派旗袍为楷模，海派旗袍最大的特点就是对传统样式与西式服饰的兼收并蓄，旗袍的改良使旗袍的市场更为广阔。1931 年，上海著名的《良友》画报动用大量社会关系，凑齐了包括黎明晖、王人美、胡蝶、阮玲玉、袁美云等八大女星拍摄合影。除王人美

改良前的海派旗袍

外，每个人都身着旗袍亮相，成为当时娱乐圈热议的焦点。近代中国两位第一夫人宋庆龄和宋美龄，她们在重要场合身穿旗袍，不仅体现出了东方女性的美丽，更将旗袍升华成中国的国服。旗袍作为一个文化符号，折射出一个时代的风尚与气息。

现代旗袍融合了东方神韵和西方流行元素，不仅保留了旗袍的形式美，还结合了西方的审美观点，呈现出不同的形式变化，赢得了国内外的认可。上海的旗袍品牌发展具有较大的市场，上海消费者的消费水平高，对旗袍的品质要求高，以高端定制旗袍为主。上海的旗袍品牌约占中国的17%左右，其品种主要有一布旗袍、龙笛等。一布旗袍作为上海的旗袍品牌，集旗袍设计、生产、销售于一体，纯手工高级定制，服务于追求传统和时尚品位的人士。中国旗袍未来的发展趋势将以高端定制旗袍为主，中国旗袍蕴含着中国的传统文化，中国旗袍品牌将会走向世界，拥有更为广阔的市场。

现代化的海派旗袍

二、海派文化对本土设计的影响

海派文化是一种独特的上海城市文化，是祖祖辈辈留给我们的宝贵遗产。而上海本土设计要符合当代人的审美，体现当今的时代风貌。因此，对于海派文化中的海派元素，不能简单、机械地原样照搬，而应该采取"活学活用"的态度，对传统元素进行深入的挖掘、灵活的运用，让上海的本土设计更具独特性。

1. 关注原创新生力量

海派文化的传承需要设计师作品的呈现，现如今许多原创设计师更注重对国外流行的元素进行模仿，却少有设计师关注上海本土的文化，忽略了海派文化的巨大能量。海派文化应该引起设计师的注意，一些国外的原创设计师已经开始渐渐注重中国元素的运用，作为本土设计师，更应该将海派文化的深层含义挖掘出来，体现在时尚的设计中，更好地通过作品来弘扬海派文化。

案例7-2：海派设计师代表——李鸿雁

李鸿雁，作为第一位以上海这个城市为主题的设计师，善于将传统和现代的元素融合在设计当中，自创服装品牌 INSH 和 Helen Lee，她曾获得过国内外许多不俗的评价。2003 年，在当时法国制造、意大利制造受到人们追捧的时候，李鸿雁创立了第一个真正代表上海本土的服装品牌 INSH，In Shanghai 的意思。INSH 植根于上海，并且把上海作为服装文化的发源地，是李鸿雁一直坚持的设计理念，她不仅在款式上不断地追求创新，而且更加注重服装在文化含义上的表达。

李鸿雁喜欢从传统的文化中挖掘出好玩的东西，把海派文化用一种诙谐有趣的方式呈现出来，这也成为了她设计理念中非常亮眼的一点。如带有麻将图案的 T 恤、对传统军大衣的改良设计、店铺中旧家具的回收利用等，李鸿雁不断利用对细节的追求来传承海派文化。对于李鸿雁来说，服装只是一种表达方

李鸿雁的现代化海派旗袍

式，文化的交流与沟通才是 INSH 这个品牌的灵魂。李鸿雁一直致力于将服装和文化相结合，赋予服装新的生命力，她同时也是第一位把陶瓷艺术运用到服装上的本土设计师。回眸上海的过去，也展望着上海的将来，李鸿雁用现代的设计元素，将海派文化与服装相结合，用她独特的视角，诠释着上海这座城市的繁华与美丽。

2. 扶持自主创新品牌

时尚产品如今更多地成为人们品位的象征和表达自我的方式，设计师在设计的过程中需要灌输给产品更多的价值理念和特有的文化内涵。作为自主品牌，应该诠释一种现代人的生活态度和行为方式。上海只有扶持、打造具有自己特色和文化底蕴的时尚产品，才能与其他国家的品牌相抗衡。而假如单单只是借用他人的产品风格、创意理念，短期来看不仅会丧失自身的特色与市场竞争力，长期来看更会丧失品牌的发展空间。在中国传统文化备受关注的今天，上海应该将本地特有的海派文化与当今的时尚元素相结合，打造属于上海本土的自主创新品牌。

案例 7-3：上海本土品牌

（1）吉承——La Vie。

吉承，一位植根于上海的本土青年设计师，她的设计往往颠覆中国传统风格，将中国元素与优雅、嬉皮混合在一起，创造出独特的风格。吉承于 2002年创建了个人品牌 La Vie——一个将中国元素与西式裁剪及东方人少有的幽默风格融合的品牌，这一品牌得到了许多特立独行、追求自由与时尚的女性的青睐。

La Vie 陆续推出的近十个系列都坚持从中国文化中汲取灵感，不同于国外设计师只是将中国元素中最表层的一面运用于设计中，吉承擅长把中国元素打碎了用在设计里，虽然非常中国，但是绝不传统。

从 2014 年吉承在上海时装周发布的鹤影系列，到 2015 年的百乐门、藏红花系列，再到 2016 年她的全新系列山上神兽，一次又一次掀起了时尚前卫中国风。吉承在不断创新、传承中国文化的同时，也为"中国设计"点燃了新的希望，她仿佛已经成为了时尚圈内独树一帜的代表人物。

吉承及其 **2016SS** 藏红花系列

（2）百雀羚。

百雀羚品牌，创立于 1931 年，是国内屈指可数的著名化妆品厂商之一，多次被评为"上海市著名商标"。作为东方安全护肤的品牌代表，百雀羚一直秉持"天然、不刺激"这一理念，随着人们健康意识的增强，百雀羚倡导的天然草本护肤理念得到了消费者的广泛推崇。2013 年，习近平主席夫人出访，将百雀羚作为"国礼"赠予外宾，使得这一中国老字号重新回归大众视野。

百雀羚传统的包装是蓝色的圆形铁盒，几只小鸟；即使产品包装不断更新，部分产品依然会保留一些怀旧元素，但大多数新产品都以草绿色为主色，辅以植物搭配，不同系列的产品会在保持整体风格的前提下，突出各自特色，加入民族元素。

百雀羚 **LOGO** 及产品包装

在产品设计上，上海的化妆品产业可以充分利用独特的中国"中草药理论"，来吸引和进入国际市场，可以通过传统的中医理念和差异化的定位在国际上塑造自己的品牌形象，在研发上依靠中草药配方打造竞争优势，建立一条国际上难以效仿的创新之路。

三、海派文化在城市建设中的地位

从城市发展的角度看，上海之所以能够成为现代中国文化中心，并形成以海派文化为标志的现代中国都市文化形态，正是由于海派文化所起的作用。城市建设是创造海派文化经济价值的重要手段。如何在上海的城市建设中体现海派文化的要旨，是一个需要决策优化、规划引导、合作实施、共同协调的系统性大工程。

1. 海派文化新地标

时尚产业的灵魂是文化，时尚文化应该是具有特色且多元化的。而上海在长期的历史发展中吸纳了中西文化、陆地和海洋文化等多元文化，产生了传统文化与现代文化的碰撞，因此形成了独特的海派文化，这种风格也体现在其时尚文化中。

近年来，上海涌现出一批体现上海时尚文化的新地标，如龙美术馆、刘海粟美术馆、上海海派书画艺术馆等，这些艺术场馆的存在是对海派文化的一种传承，提升了人们对海派文化的了解，促进了时尚文化产业的发展。

（1）龙美术馆。

龙美术馆是由中国收藏家刘益谦、王薇夫妇创办的，目前在浦东和徐汇滨江同时拥有两个大规模场馆——浦东馆和西岸馆，构成独特的"一城两馆"艺术生态，也是中国内地迄今最具规模和收藏品种最多的私立美术馆。龙美术馆会进行古代艺术和当代艺术的陈列，并经常举办国内作品、国外艺术大师的展览。

海派绘画曾占据着中国绘画的半壁江山，极大地影响着中国画的发展方向。2016年，龙美术馆（浦东馆）举办以"海上生明月"为主题的海派绘画展，展示了馆藏作品中既有海派血液，又能在各自所属时代里推陈出新的一些艺术家的作品，为参观者理清了海派绘画的发展脉络。

美术馆在原先保留旧船厂遗址的基础上进行整体设计，保留了许多码头和船厂的设计，并通过在建筑中融入具有海派风格的元素，使得龙美术馆整体简洁却又小巧精致。龙美术馆（西岸馆）坐落于黄埔江岸边，在周边环境的影响下，这里自然而然汇集了许多国内外顶尖的文化艺术，形成了独具魅力的海派文化新地标，对于海派文化的传承，龙美术馆起到了不可忽视的重要作用。

图 7-2　龙美术馆浦东馆（左）和西岸馆（右）

（2）刘海粟美术馆。

刘海粟美术馆坐落于上海西部的虹桥开发区，是一所公益性社会文化事业机构，以"五四"新文化运动下的中国新美术运动奠基人之一刘海粟先生之名命名。

在刘海粟先生漫长的艺术生涯中，始终与上海有着不解之缘，始终与海派文化紧紧相连。刘海粟先生 17 岁就在上海创办了中国第一所专业美术学校，在离世前，他将自己毕生创作的主要作品和收藏的珍品古画全部无偿捐献给了上海，刘海粟美术馆也因此而建立。

刘海粟美术馆以展览刘海粟先生的作品为主，除此之外，还会举办学术性较高的美术展览，如新海派当代名家精品展、时装艺术展等，所以这里不仅是一个海派文化的保留地，更是一个上海时尚文化的传播地。

图 7-3　刘海粟美术馆

（3）上海海派书画艺术馆。

上海海派书画艺术馆成立于 2012 年，集展览展示、培训教育、考级中心为一体，为书画爱好者搭建了进一步交流和展示的平台。上海海派书画艺术馆以弘扬、振兴、繁荣当代海派文化为己任；以提升海派艺术家的市场价值，提升海派艺术品的文化价值和艺术价值为目标；以传播历史余韵为使命。

近年来，上海海派书画艺术馆通过不断培养海派艺术家，并为其提供创作空间，使其实现自身价值和艺术品的市场价值，不断提升海派文化的知名度，使海派文化得到越来越多的认可。与此同时，上海海派书画艺术馆通过打造艺术品展厅、艺术家创作基地等多种书画艺术品展示和交易平台，实现了海派艺术家的合作创作，形成了文化经营的跨越式发展，产生了集聚效应，不断扩大和提升了海派文化的国际影响力。

2. 海派文化创意园区

比尔·盖茨曾说："创意具有裂变效应，一盎司创意能够带来难以计数的商业利益和商业奇迹。"构建时尚之都，建立以时尚、创意产业为一大重点的高端产业群，将成为上海时尚产业升级和城市发展的主旋律。上海的时尚产业要想面向全国乃至全球，就应充分挖掘自身优势。现如今，上海已建立多个具有一定海内外知名度的海派文化创意园区（如 1933 老场坊、M50、红坊、同乐坊、外滩 18 号创意园区等），将海派文化与现代艺术市场相结合，为上海的时尚产业发展提供巨大空间。

（1）1933 老场坊。

1933 老场坊创意园区位于沙泾港、浦虹港两条水系的交汇处，与虹口区人民政府、七浦路服装市场和四川北路商业带近在咫尺，四通八达，地理位置极佳。1933 老场坊的建筑融汇了东西方特色，再加上自身的历史背景，赋予了其独有的魅力。

1933 老场坊以生活方式、创意、求知为核心要素，将时尚发布、创意设计、品牌定制等融为一体，会集了许多艺术家、设计师和企业精英，形成了具有海派时尚的创意生活体验中心。

（2）M50 创意园区。

许多人都知道上海的 M50 创意园，源于苏州河畔的涂鸦墙，据说那是上海独特的一景，在国内也并不多见。M50 是莫干山路 50 号的简称，位于苏州河南岸的半岛地带，是近代徽商代表人物之一周氏的家庭企业。创意园的整个建筑风格遵循着修旧如旧、传承海派文化的原则，许多创意机构的入驻也营造了一种浓厚的创意氛围，传统又现代、古朴而又时尚。2005 年 4 月被上海市经委挂牌为上海创意产业聚集区之一，命名为 M50 创意园。

图 7-4　1933 老场坊

图 7-5　M50 创意园区

几年来，M50 吸引了来自世界各地的艺术家、建筑师和设计师的目光。上海国际服装文化节、工业建筑与绿色时尚艺术节等均在 M50 创意园举行过大型推广活动。创意园每年还推出百场艺术展览，同时也参与举办了众多时尚文化活动，成为上海国际大都市内具有创意价值的传播地。M50 创意园是一个在民族工业中产生并成长的创意园区，同时逐步融入了艺术、生活和创意的理念，为海派文化的传承打造了一个艺术平台。

（3）红坊国际文化时尚社区。

红坊曾是一个混合着上海人集体记忆的地方。50 年前，它曾经是上海钢铁十厂。在那个年代，曾因为创下年产 40 万吨扎带钢的纪录而锻造了一段辉煌时光，而一个时代的终结，也意味着对这段生活方式的告别。自从注入了新鲜时尚的血液后，这里被赋予了新的生命力，上海的历史、文化，在这里被重新诠释，这就是"红坊国际文化时尚社区"。

走在文化创意产业尖端的红坊文化，一直致力于增加园区内相关艺术与设计产业链的互动与交流。2011 年创意产业领域最具影响力和传播力的年度盛会——上海创意产业周落户长宁区，在年会上与红坊文化合作签约；作为红坊国际文化艺术社区的一个重要文化窗口，红坊沙龙的成立将为艺术限量品、艺术衍生品及设计师提供一个优质的服务平台；借鉴国际版画市场发展经验的红坊祗园版画工坊也宣告成立，它顺应中国版画市场发展趋势，利用合作双方在中国文化艺术领域及日本版画行业的专业背景与经验，引领国内版画行业销售推广，为艺术品收藏者提供购买版画的完善的相关配套服务。从创意产业平台到资源整合机构的跨越是红坊经历五年成长后的积淀，也是红坊成为文化地产领军者的动力与方向所在。

历史的厂房如今变成了海派文化的展现窗口，并发挥了巨大的时尚艺术传播效应。红坊将进一步提升与完善文化艺术社区建设，促进文化创意产业的交融互通，以更加大胆新颖的创意向世人展示海派文化，不断延续与传承海派文化。

图 7-6　红坊国际文化时尚社区

第二节
传播上海时尚，打造媒体平台

媒体之于时尚传播的功能愈加凸显。现代媒体已从传统的承载时尚信息，摇身一变成为制造时尚、引导时尚、推动时尚与批判时尚的载体，并始终影响着时尚产业从设计生产到市场推广的整个链条。一个专业的时尚媒体平台，已经成为当下时尚潮流的主要传播方式。打造一个具有国际影响力的时尚媒体平台，对于上海时尚风格、海派文化的传播将起到不可忽视的重要作用。

一、培育专业时尚媒体平台

基于目前实施产业的发展现状，上海市相关政府可以选择一些代表性的时尚媒体进行重点扶持，提高时尚媒体平台信息发布的专业性，打造专业的时尚信息发布平台。同时可以借鉴国外时尚产业的发展，将时尚媒体与时尚产业整合捆绑，形成时尚传媒产业链。例如邀请著名时装设计师举办设计作品展、与时尚品牌合作召开新品发布会等，为时尚媒体创造更多的传播平台。同时，应当充分发挥世博会以及全国性的展销会、博览会的作用，与上海国际服装文化节、上海时装周等大型时尚活动相结合，共同服务于上海国际时尚之都的建设。

在纸媒萧条的今天，许多时尚媒体的盈利状况不容乐观，纷纷面临停刊的尴尬局面。在社交媒体活跃的今天，时尚媒体的转型之路要取得成功，一定要有所突破。可以从电子商务或虚拟社区两个方面入手。

媒体与电子商务的结合，可以实现时尚资源最大化。专业的时尚媒体与自媒体相比，最大的优势莫过于资源的有效利用。对于规模大、组织生产能力强的专业时尚媒体来说，其更容易完成垂直化发展，形成自身产业链。通过建立自己的电子商务平台，采用批发形式，由零售端直接发货，将形成更完善的时尚产业链。

媒体与虚拟社区的结合，即时尚媒体借助粉丝经济引领时尚潮流。成功的时尚媒体之所以可以得到用户的青睐，优势在于让用户赞同其本身的内容和价值观。所以在当今粉丝经济形态下，要想引领时尚，就要明确目标客户群，针对消费者的需求来拓展产品线，通过培育粉丝来实现媒体与社区的成功结合。

案例 7-4：ParkLU

ParkLU 是一个原创时尚自媒体数字营销平台，帮助国际品牌在中国社交媒体平台上发掘最适合的风尚达人进行合作。如果你是一位时尚意见领袖（fashion leader），并想寻找合适品牌进行合作，那么通过 ParkLU 就能直面上千个时尚品牌，了解品牌需求，进行自荐。

ParkLU 开启了时尚达人与品牌的合作机会，对于品牌来说，ParkLU 提供了一个全面了解中国意见领袖的方式，即便时间很紧迫，也能为品牌举办一个成功的社交媒体推广。这个平台为想要进入中国市场的时尚和奢侈品牌提供了一个接触中小博主的平台，同时也增强了上海时尚媒体的传播力度。

二、打造时尚媒体，走向国际

由于时尚产业多元化的存在，时尚媒体往往会一味地争取广告商而失去其核心竞争力，这就导致时尚媒体要么坐以待毙继续损失广告份额，要么和其他媒体进行激烈竞争。这需要时尚媒体做好权衡，着眼于杂志的未来走向，既要面向读者需要，又要贴合时代的技术要求寻求转型发展，那么，向国际化道路实现纵深发展是必由之路。

案例 7-5：国际时尚媒体——"VOGUE"杂志

"VOGUE"杂志推动了全球时尚产业的发展，被称为"时尚圣经"。"VOGUE"记录着关于时尚的点点滴滴，鉴证着女性文化、消费文化和时尚文化的变迁，该杂志在时尚界具有深远的影响力。

"VOGUE" 杂志自 1892 年创刊至今，先后在美国、英国、法国、意大利、德国、西班牙、澳大利亚、巴西、中国、印度、希腊、日本、韩国、墨西哥、葡萄牙、俄罗斯、土耳其、荷兰、中国台湾等国家和地区出版。各版本的 "VOGUE" 杂志融入本土化内容，引导各国读者的时尚潮流。该时尚媒体的传播影响力十分广阔，在全世界的时尚杂志中具有很高的地位，深受消费者的欢迎和喜爱，是时尚界的领导者，并在时尚杂志市场中独占鳌头。

2005 年世界上发行量最大的时尚杂志 "VOGUE" 以《VOGUE 服饰与美容》的刊名登陆中国市场，时尚杂志的概念在中国从无到有，《VOGUE 服饰与美容》杂志的出现使得中国的时尚杂志市场日渐繁荣，有助于中国的广大读者更深入地了解国际时尚，与国际时尚接轨，推动中国时尚走向世界。

《VOGUE 服饰与美容》

案例 7-6：上海时尚媒体——《上海服饰》

国际时尚媒体纷纷进驻上海，占领了大部分的上海时尚市场。中国的本土时尚媒体在与国际时尚媒体合作的过程中要不断取长补短，更要充分发挥本土时尚的特色。

《上海服饰》由上海科学技术出版社主办，是国内最早的时尚类刊物之一，面向全国发行，是一本全新的针对国内大、中、小型城市职业女性的服饰美容杂志。《上海服饰》杂志的发行量稳居同类期刊发行量的榜首。

《上海服饰》是一本时尚生活实用指导性杂志，运用丰富的图片、生动的文字传播时尚，不但可以向女性及时传递穿衣打扮的新潮流，还可以让女性方便快捷地购买到自己钟爱的服饰品。

在全球化的背景下，中国综合国力的快速增强和国际关注度的提升，为中国期刊的海外市场打开了空间。国内杂志要有全球视野，顺应期刊市场的变化趋势，充分利用中国独特的东方文化和海派文化，提升期刊的文化品牌影响力，在世界的时尚杂志传媒中拥有一席之地。

第三节
打造具有海派文化特色的产业集群

推动海派文化实现产业化和市场化是建设上海时尚之都的重要目的。上海时尚之都建设以海派文化作为核心驱动要素的战略产业，以文化为要素，以科技为支撑，以市场为导向，以产品为载体，形成融合型的产业链，打造时尚产业集群，抓住创意经济时代所赋予的历史机遇，打造具有海派文化特色的产业集群。

一、政府相关扶持政策解析

近年来，随着制造业的逐渐撤离和高新产业的逐步形成，创意产业成为了推动上海中产阶层形成、促进符号性消费趋势、提升城市文化价值和生活品位的重要组成部分。上海是全国经济、资本、人才资源的风向标，其创意产业具有联动效应，势必辐射并带动整个长三角地区，从而引领全国的创意产业发展。上海的文化创意产业快速发展且一直呈持续增长态势，其规模也不断扩大。2015年，上海市文化创意产业增加值占全市生产总值的12%。

2016年3月，上海市文化创意产业推进领导小组办公室发布了《上海市文化创意产业发展三年行动计划（2016~2018年）》。该计划提出了上海市文化创意产业的发展目标，围绕上海市文化创意产业领域十大行业，进一步明确发展重点，促进文化创意产业发展，并提出了上海市文化创意产业发展目标：产业增加值年均增速高于全市国内生产总值平均增速 2~3 个百分点，2018 年末占全市国内生产总值比重超过 12.6%，在"十三五"规划的尾声阶段占比超过 13.0%，支柱产业地位更加稳固；建成十余个国家级文化创意产业基地、百余个市级文化创意产业园区、千余个文化创意楼宇和众创空间互为补充的载体格局，培育 50 家国内外知名的文化创意企业和集团，构建专业实效的公共服务平台。

2016 年 7 月，上海市长宁区政府已经编制完成《长宁区产业发展指导目录（2016 版）》，重点突出长宁区的优势产业，如航空服务业、互联网+生活性服务业、时尚创意产业等，并在该指导目录中提出了有关文化创意产业的具体内容，致力于加快向创新、时尚、绿色的国际城区迈进。

二、引入社会资本

时尚产业发展空间巨大，在发展时尚产业的过程中，如何弘扬海派文化，成为上海市需要考虑的问题。在政府层面上，可以通过颁布相关政策进行扶持，而这之中少不了专业管理团队的协助来辅助传播海派文化，即需要多方社会资本的投入。

打造具有海派文化特色的产业集群，需要政府主管部门牵头，联合会、相关协会充分联动，搭建在全国具有影响力的时尚产业平台，通过多方资金投入，使行业协会在打造海派文化传播平台的过程中发挥实质性作用。特别是立足上海服装行业协会等具有影响力的协会组织，在推动建立海派文化产业集群的过程中，推动上海逐渐成为国际品牌辐射的聚集地、国内品牌走向国际的创意平台以及本土原创设计师的孵化平台。

第八章
教育与上海时尚之都建设

教育乃立国之本、强国之基。时尚教育是体现一个国家、一个城市在时尚行业地位的重要指标之一，打造时尚之都的重要途径。所以，时尚教育在时尚之都建设过程中起到整合时尚资源、树立时尚标杆和推动时尚进程的作用。上海要想打造成国际型的时尚之都，就需要从本质上提升上海时尚教育的水平，完善人才培养体系，吸引海外高端教育资源，为时尚教育建设不断注入新鲜的血液。为了更好地为上海时尚之都建设提供人才储备，更好地实现上海时尚人才的国际化，培养上海时尚之都的领军人才，本章将从上海时尚教育的发展现状、时尚教育的发展路径、驱动创新的时尚教育体系建设三方面进行分析和探讨。

第一节
上海时尚教育发展现状

时尚教育是时尚产业持续发展的推动力。时尚人才的储备对于国际时尚之都的建设至关重要。随着中国时尚产业的不断壮大，时尚领域的不断深化，对人才的要求也越来越高，时尚人才涉及的领域也不仅仅局限于设计人才、时尚营销、运营管理、时尚传播、时尚科技、时尚文化等与时尚产业相关的方方面面。上海作为中国时尚的风尚标，自由开放的环境吸引着众人的目光。如何使这里的时尚人才引领中国时尚发展，成为时尚产业发展的聚焦点，是时尚教育的重中之重。通过对目前上海时尚教育现状的研究发现，目前的时尚教育主要是"以院校教育为主，社会教育为辅"的教育模式。接下来将对上海时尚教育学院的时尚学科发展进行论述。

上海的时尚教育院校分为独立时尚类教育机构和综合类院校里设立的与时尚相关的院系。独立时尚类教育机构代表有上海国际时尚教育中心（Shanghai International Fashion Education Center）和以东华大学服装与艺术设计学院、同济大学设计创意学院、上海大学美术学院为代表的综合类院校的时尚相关院系，其学科设置更多样，师资力量更强大，教学体系更完善。

1. 上海国际时尚教育中心（Shanghai International Fashion Education Center）

上海国际时尚教育中心依托于上海纺织集团（SHANGTEX），是少数拥有完整时尚产业链背景的国际时尚教育机构，对接世界五大时尚之都的上海国际时尚教育中心（SIFEC），通过多种形式引入世界领先的时尚教育资源，如设立上海总部、举办学术与研究交流会、国际讲学、国际实训等，为全新时尚理念和体验式教育的完美结合提供了全新的发展模式，致力于成为具有国际影响力、具有中国及上海时尚特色的时尚教育人才基地。通过资源共享和模式创新，集聚形成有特色、有规模、有底蕴的时尚专业教育，培养时尚产业的新型人才。

2. 东华大学服装与艺术设计学院和上海时尚创意学院（Shanghai International College of Fashion and Innovation）

东华大学服装与艺术设计学院是全国最早建立服装类专业的高等院校之一，其中"设计学"被列为上海市重点学科、上海市一流学科，是全国 32 所首批设立"艺术设计"专业硕士学位授权点院校之一。拥有"现代服装设计与技术"教育部重点实验室。在我国发展创意产业的时代背景下，学校特色学科链在"创新驱动、转型发展"中实现了突破，服装设计特色学科联动相关配饰设计、纺织品设计、图形设计、工业设计、环境设计等学科共同发展，逐步形成了具有东华时尚特色的设计学科。2014 年成立的上海国际时尚创意学院，是东华大学为时尚人才培养做出的里程碑式的贡献。该学院的办学特色在于以设计、管理、时尚等学科为特色，围绕时尚创意，本土教育与国际合作交融，理论与实践并重，引进国际一流教育体系，会聚国际一流师资，缔造国际一流时尚创意学科，培养国际一流时尚创意人才，为上海乃至全球的时尚产业发展提供有力的智力支持。

3. 同济大学设计创意学院（College of Design and Innovation）

同济大学作为全国高等教育的领军院校，为社会各行各业输送了各种各样的高端人才。2009 年，同济大学借鉴世界设计与创新学科的最新理念与模式，在艺术设计系的基础上，成立了"同济大学设计创意学院"（College of Design and Innovation）。目前该学院的本科设计教育主要着重于以下四个专业：①产品设计；②环境设计；③传达设计；④数字媒体设计。硕士学位时尚教育主要包括：高阶工业设计，高阶环境设计，高阶媒体设计，交互设计，产品服务系统设计，设计战略与管理，设计历史与理论。通过与国内外著名设计院校进行学术合作与交流，使学科保持了前沿性和很高的国际学术声誉。在由"中国制造"向"中国智造"转型的时代背景下，该学院制定了以可持续时尚和可持续创意为导向的学科发展战略。同时，该学院注重国际合作，与国际顶尖设计院校合作办学。2010年，同济大学和芬兰阿尔托大学合作成立"同济—阿尔托设计工厂"和"同济大学中芬中心"，通过"设计思维"整合设计创意、科学技术和经济管理学科，成为全球知名的国际化、跨学科、开放创新平台。以培养具有国际视野，创新型、前瞻型、研究型、综合型的新一代设计人才与设计管理人员为目标，致力于建设在国内外具有广泛社会影响力和产业趋动力的世界一流设计学院。

4. 上海大学美术学院

上海大学美术学院是上海办学历史最悠久的艺术类高等院校，学院历经了社会的变迁和时代的洗礼，为上海国际化大都市的文化建设培养了大批美术创作人才，涌现了一些具有全国乃至国际影响的艺术家，创作出了大量优秀的美术与艺术作品，对提升上海的城市文化形象做出了重要贡献。学院构建以"纯艺术"为基础，"应用艺术"、"建筑艺术"为主干，"公共艺术"建设为重点的学科体系，以大都市的商业空间、生活空间、文化空间为基础，设有美术设计、中国画、油画、雕塑、美术史论、建筑六大系。坚持海派美术教育思想，面向多元、启发个性，为努力实现"继承和发扬'上海美专'精神，造就海派艺术领域的一代大师"而拼搏奋斗。

第二节
时尚教育的发展路径

时尚是一个不断融合的学科。在不断融合的过程中，时尚教育需要更为国际化。时尚亦是一个充满着创新创业的学科。在不断创新中，创业者可以寻找到自我实现的满足感。所以，时尚教育的发展路径包括了时尚教育的国际化、时尚创新创业的新模式和有效扩大时尚教育的影响力三方面。

一、时尚教育的国际化

时尚是都市的产物。综观世界知名时尚院校，它们无一例外地均位于国际时尚之都。时尚教育与时尚之都的发展息息相关，与城市的国际化、教育的国际化密不可分。

从世界他国的教育经验看，加强国际交流与合作已经成为建设世界一流大学的重要特征。世界的一流大学，纷纷参与到教育国际化的进程中。这些大学不仅自身条件优越，拥有雄厚的师资力量、显著的科研成果、先进的教育资源，而且还积极参与和扩大国际交流与合作，包括学者互访、国际会议、合作项目、学生交换、教师互派等。他们通过开设国际化课程，在继承和发展本国文化的同时，也吸收了国外先进文化。

对于上海而言，本土文化与国际视野相结合是非常重要的。时尚不仅存在于本土文化，也存在于全球跨文化的国家。审视自己的本土文化，找到最优质的合作伙伴，对培养时尚行业领军人才尤为重要。

上海有十分深厚的时尚根基和良好的时尚基因，上海的海派文化使得时尚教育特色鲜明。与全球传统老牌时尚城市相比，上海更需要国际化的发展思路。巴黎、伦敦等五大时尚之都，其时尚潮流发展迅猛，消费市场比较稳定，时尚产业的潜在发展机会相对较多。在这方面，上海应充分考虑所在本土与面向远东等区域（即"一带一路"上的国家）的发展机会，加强时尚与已有传统文化的交流融合。

东华大学服装与艺术设计学院的同学们的设计作品能与香奈儿、阿玛尼、芬迪、约翰·加利亚诺等国际时装大牌同台展出。学生足不出校便有机会得到来自纽约、米兰、巴黎等时尚之都著名设计学院的大师指点。重点学科专业教师中有海外留学背景的已达80%以上，学院连续多年承办上海国际服装文化节系列活动，高水平的时尚讲座及论坛频繁开办。这些都是在为上海时尚教育的国际化发展做出不懈的努力。

案例8-1：2016上海国际服装文化节国际时尚论坛暨环东华时尚周

2016上海国际服装文化节国际时尚论坛暨环东华时尚周于4月19日拉开帷幕，作为上海国际服装文化节的品牌项目，这是东华大学连续15年举办时尚周活动。

本次活动以"丝路·理想之光"为主题，集"学术论坛、专业展览、设计大赛、时尚秀场、创意市集"等于一体，融入"一带一路"元素，不仅邀请"一带一路"沿途相关国家和地区的机构、品牌、院校前来参加，更通过发布新锐设计师创意作品、举办首届外国留学生服装设计大赛、邀请时尚大咖做客校园等推进时尚创意人才培养。

汇聚交融丝路文化、藏大师生作品、肯尼亚纺织品首秀大学时尚周

本次时尚周期间，应东华大学邀请，西藏大学专家将做客学术论坛，与国内外时尚产业、文化和教育领域的研究者共同探讨新丝路上时尚都市的建立和发展。这是藏大师生服饰设计作品首次走进上海高校，亮相大学时尚周。

除藏大师生作品首秀外，今年环东华时尚周子活动之一的"海上丝绸之路在非洲——肯尼亚纺织品艺术展"也极具"一带一路"看点。环东华时尚周打造一个多元文化对话交流平台，让高校发挥教育资源优势，为文化融合和共享出力。

合力助推时尚创意人才培养

王棱煜是东华大学服装与艺术设计学院的一名准毕业生，在2016秋冬上海时装周上，她和23位小伙伴代表学校组成新锐设计师团队，首次登陆沪上知名的800秀场，用活力无限的设计作品为时装创意创作的发展增添新的灵感。

这些才华横溢的年轻设计师们亮相本次环东华时尚周，并通过上海时装周和环东华时尚周舞台的检视，代表中国大学毕业生参加了2016年6月在伦敦举行的伦敦毕业生时尚周。

案例 8-2：东华新锐设计师闪耀伦敦毕业生时装周

在 2016 年 4 月的上海时装周中，年轻设计师卢政荣获 2016 东华新锐设计师金奖。他就读于东华大学服装设计专业，代表东华大学参加伦敦大学生毕业生时装周。

伦敦毕业生时装周（Graduate Fashion Week）是一年一度知名的 fashion show 之一，旨在为英国乃至全球范围内有才华的学生设计师提供一个展示的平台，同时也能有效宣传各所艺术设计院校，而商家也能在这里挑选他们品牌的设计人才。虽然是毕业生时装周，但秀场的专业程度不逊色于任何一个时装周，而且也正因为设计师是这些时尚圈的"新鲜血液"，他们的创意和想法会更加灵活，受局限也小。

秀场直击

伦敦秀场

二、时尚创新创业的新模式

在新常态的时代背景下，"转方式，调结构"是促进经济发展的一大战略举措。时尚产业作为产业经济发展的重要组成部分，如何更好地顺应"大众创新、万众创业"和"互联网+"的时代发展潮流，为经济发展做出贡献是目前研究的重点。时代发展的潮流是由人引导的，怎样培养引领时代发展的先锋军是重中之重。本书聚焦于时尚产业人才的培养，就是着眼于时尚领军人才的培养，如何更好地培养人才的创新意识迫在眉睫。创新是时尚的源泉，创业铸就了时尚的辉煌。鼓励创新创业的教育模式是时尚教育的核心。目前，政府已出台了许多扶持政策，鼓励学校和社会创新创业。传统意义上，时尚的创新创业就是独立设计师建立个人品牌这种单一的方式；如今，时尚创新创业的方式多种多样，例如建立个人时尚自媒体，开设集成买手店等。社会各界也开始加大对时尚创新创业的投入和关注，时尚集团 2013 年成立了"时尚创新中心"（Trends Innovation Hub），该中心以创新为灵魂，促进时尚媒体与创新企业进行资源整合，引导和推动产品、技术和营销方面的创新。并且设立了"孵化器"、"实验室"和"媒体平台"三大支柱模块，通过跨界合作为时尚创新创业注入了许多新鲜元素。例如，时尚创新中心的"实验室"与百事可乐和三星在音乐时尚以及时尚移动阅读平台领域进行战略合作，与清华大学经管学院联合打造"高级时尚与奢侈品管理课程"。目前"时尚创意中心"已经发展成为一个鼓励价值分享，助力时尚创新创业，推动行业合作发展的平台。

案例 8-3：UNI-CLASS

UNI-CLASS 作为整合全球时尚和艺术设计教育资源的平台，整合全球艺术教育资源，共享名师、名校以及企业品牌力量，优化时尚艺术与教育设计产业链，合作共赢。这个平台致力于优化教育和时尚艺术与设计产业培育之间的联系，促进人才发展。创造不同跨界合作的机会，孵化学生的创意，为有天赋的年轻人提供与大师合作的机会。整个课程包括时尚、设计、商业和生活方式四大类。所有授课的老师均为时尚产业的领军人物，如英国服装设计师 Paul Smith，"VOGUE"中国主编 Angelica Cheung，开云集团亚太区总监邓婉颖女士等。所有的课程均有包括东京艺术大学、帕森斯设计学院、清华大学等在内的国际顶尖学校提供的专业支撑。UNI-CLASS 以服务社会为原则，融合平台优

势和全球资源，在线搭建了一个跨平台、移动的时尚艺术设计虚拟大学，通过扎实的教育过程，顶尖且多样的创意人才，全球范围内的优质联盟，将全世界最优秀的教育资源通过一个平台分享到最广泛的时尚之上。UNI-CLASS 联合全球国际知名时尚品牌，开展时尚就业训练营，将学生与企业无缝对接，引入市场。UNI-CLASS 通过开展时尚就业培训营等活动，帮助学生进行就业规范和其他职业技能方面的指导，为学生提供与企业以及品牌的对接平台，帮助他们兑现自己的才气和实力。也帮助学生完成从学习到就业的一站式服务，第一时间提供就业渠道，同时通过联合创业基金，扶持年轻人创业计划，并联合媒体资源进行有效推广，为年轻人打造一片实现理想的天空。

三、有效扩大时尚教育的影响力

时尚教育的传播实质上是对时尚理念的一种传播。扩大时尚教育的影响力即是扩大社会对时尚理念的接受度。而建设国际时尚之都，是将这种影响力与理念在国际范围内进行传播，并且获得国际的认可和接受。上海时尚教育的理念应更多地加入本土海派文化的特点，对科技精益求精的追求，对如何扩大消费增强顾客体验的探索，以及对品牌植入文化、科技、消费体验的追求。这种上海时尚教育的理念需要更多地与上海本土精神融合。在教育传播的过程中，重点关注的是上海的文化、消费、科技、品牌。

如何将优秀的时尚创意传播出去，从而产生社会效应，这是个非常现实的问题。而时尚传播的主体永远是人才。时尚媒体扮演着时尚文化的制造、引领、承载、推动与批判的多元功能角色，并相应变革着时尚传播主体的维度、时尚传播内容的信度、时尚传播渠道的宽度。时尚设计人才是时尚产业链条的发起者，时尚传播人才是时尚产业的承载者，随着新媒体时代的到来，人才的需求也趋向于多样化。高等院校在培养时尚设计类人才的同时，如何更好地培育时尚传播人才是目前时尚教育的新热点。要想适应中国时尚发展需求，就要通过产品形象、语言文字、活动、各种传统媒体与新闻媒体、名人效应等不同手段，有效地传播时尚。由此可见，时尚传播人才是一种复合型高素质的人才。他们不仅需要拥有时尚专业背景知识的储备，更需要善于处理人际关系和灵活运用经管类知识。对于时尚的传播，最有效的形式是时尚发布会、交易会、行业展览、时尚聚会等不同类型的时尚活动，为了更好地满足时尚的传播和推广，培育更多的能够胜任时尚活动策划和管理的专业人才迫在眉睫。

第三节
创新驱动的时尚教育体系建设

创新是时尚教育的核心。创新驱动的时尚教育体系包括教学内容的创新、教学方式的创新以及培养目标的创新。作为一个多产业集群，无论是从资源体系还是产业特性来看，时尚产业都是一个极其复杂的系统，它既体现出制造业的高附加值属性，也具有现代服务业广覆盖面的特点。所以在时尚教育的体系建构过程中，不仅是简单地把艺术变成商品，还需要紧紧跟随社会的政治和经济导向，把产品与使用者紧密地联系在一起，把设计师的设计个性变成大众流行。以下将从国际化教育合作、线上教育、产业实践教学和时尚教育专业化四个方面来论述如何运用创新驱动形成时尚教育体系的建设。

一、国际化教育合作

在世界经济全球化、贸易自由化的推动下，教育资源不再受到时间和空间的限制，开始在国际间进行配置。同时，教育要素在国际间加速流动，教育合作日益频繁。时尚教育亦是如此。在培养目标的确定、教学内容的选择以及教育手段和方法的采用方面不仅要满足来自本国、本土化的要求，还需要适应国际间产业分工、贸易互补等经济文化交流与合作的新形势。一方面，目前中国的时尚产业尚未成熟，需要国际时尚之都的顶尖院校教育资源的输入来帮助提升国内院校的教育水平，使其与国际接轨。另一方面，借鉴国外成熟的时尚产业运营经验，培养时尚运营人才，为中国的时尚产业发展提供充足的人才储备。好的时尚教育国际化是本土运用国际化的教学方式，整合本土和国际资源，培养符合国际标准并服务于本土的时尚人才。

案例 8-4：东华与爱丁堡合作的创意学院

创意人才培养，如何更好地助力上海"时尚之都"建设？东华大学与爱丁堡大学合作举办的上海国际时尚创意学院（简称 SCF 合作学院），为回答这个问题提供了又一种可能。打造设计学科国际合作办学的升级版，形成一对多的国际合作办学新模式，从而汇聚一流的时尚教育资源，培养出世界一流的时尚创意人才。东华大学具有国内最全面的纺织和服装学科群，"设计学"是上海高校一流学科，并在 2012 年教育部第三次学科评估中位列全国第六、上海第一。爱丁堡大学是英国六所最古老的大学之一。根据 2013 年 QS（Quacquarelli Symonds）世界大学排名，爱丁堡大学列第 17 位。爱丁堡大学艺术学院（Edinburgh College of Art）是欧洲建校历史最长的艺术学院之一，以其创新能力和研究著称；其"艺术与设计"专业类在英国名列前茅。和传统意义上的与一所国外大学合作不同，SCF 合作学院进行的是"1 对 N"、点对面式的国际合作新探索，通过国际学术与教育合作，在中国创办一个围绕时尚创意，以时尚创意设计和管理学科为特色的世界一流的中外合作办学学院，培养具备系统的服装创意设计知识和技能、熟悉国际与国内服装服饰品牌的运营规范与创新体系，具备国际化的时尚创意理念，在国际与国内时尚创意行业从事设计研发和品牌管理的高素质人才。东华大学还与英国伦敦艺术大学伦敦时尚学院（LCF）、美国纽约时装技术学院（FIT）等多家时尚教育顶级院校进行了合作。努力为上海、中国乃至全球时尚创意产业的发展培养急需的国际化、创新型高级专门人才。

校园生活

二、在线教育

随着"互联网+"时代的到来，互联网和创新科技给教育带来了不可忽视的改变。目前线上教育可以分为：①B2B2C 平台型：这是一种在线教育主流方式，通过和机构合作，个人老师入驻的形式，向学习者提供在线和点播的网络授课资源。例如在线时尚教育平台 UNI–CLASS 和 Enstylement。②B2C 服务型：自主制造高质量内容，力求为用户提供高质量的内容和服务。例如：裤兜时尚。③辅导工具型。④网校型：提供真实。综观目前市面上关于时尚类的线上教育主要是 B2B2C 平台型和 B2C 服务型。过去传统的教育模式是以"接受式学习"为主，而新型的在线教育的中心发生了转移，打破了时空的界限，将优质的教育资源开放给全社会，形成知识的流动，并且实现了利用碎片化时间进行学习，大幅度提高了教育资源的利用率。为了把上海建设成为时尚之都，提高全社会的时尚意识至关重要。线上教育成为塑造和提高全民时尚意识的重要手段，使时尚教育不仅仅局限于专业的院校内，而是让更多的人接触时尚，感受时尚以及参与时尚。网络化是课程教育未来发展的趋势之一。因此，未来课程可能更加需要网络课堂的构建。

案例 8-5：裤兜创新设计学院

裤兜创新设计学院是中国文创领域首家集线上线下为一体的一站式教育创新平台，汇集了知名高校创意名师、国内外创意机构明星导师亲自授课的创意实战课程。课程涵盖时尚创意、品牌营销、广告设计等热门领域，致力于让每个人随时随地享受学习的乐趣。裤兜寓意装满智慧的口袋，无论是创意菜鸟还是职场精英，裤兜总能时刻为创意人充电。

这是一个超越以往在线教育的学习模式和课程体系。上海市创意城市推进办公室秘书长刘波英说："依托互联网的设计教育是当今时代的需求和热点，我们应充分利用大数据作为基础，跨界交互作为手段，增加学习者的参与感和

感知度，探索专业化、特色化创意设计教育。通过互联网，不仅能够让全国各地的设计师共享上海国际化的高端创意设计教育资源，而且能使全民参与创意设计成为可能，真正实现创意设计无边界之理想。"

裤兜创新设计学院执行院长倪海郡说："在线教育近年飞速发展，但课程多集中在语言、考试或单纯的软件操作方面，设置不合理，同质化严重，职业培训类的线上精品课程数量、门类偏少，学员难以找到与本职业相关的优秀在线课程。而行业优秀老师又多集中在线下教学机构中，受招生名额、高昂学费甚至地域限制，更多学员无法受惠。"裤兜邀请行业成功人士线上线下结合起来授业解惑，可以帮助学员解决在工作中遇到的最紧迫的实际问题，提供学员真正需要的职业培训，提升其专业技能，真正做到"知识一袋子，智慧一辈子"。

案例 8-6：Enstylement 在线教育平台

2014 年 12 月 1 日，中国首个在线时尚教育平台 Enstylement 宣布正式上线。该在线教育平台意在开拓时尚新思维，在如今互联网当角儿的时代，Enstylement 作为全球首创在线时尚教育平台，结合了互联网新媒体模式，给中

国时尚教育产业注入了新鲜的"基因"。更值得一提的是，它不单单只是热衷于时尚教育的个体培训，而是全方面地进行时尚行业资源整合。通过大量引入时尚界最知名、最热门的时尚大咖导师入驻的形式以及对接国内外著名时尚学院和专业教育机构，向时尚产业人才提供了高品质海量的课程选择平台。通过在 Enstylement 平台上的系统学习，时尚产业人才能够得到实时知识更新，从而加速整个时尚行业的全面发展与升级，缔造出一个更丰富完善的时尚生态圈。基于中国时尚产业的不断蓬勃发展，Enstylement 作为中国首创且唯一的在线时尚教育平台，它的诞生标志着一个崭新的中国在线时尚教育时代的来临。

三、产业实践教学

正如美国洛杉矶艺术中心王受之教授所说，"设计教育应与市场相适应，学生用从学校所得来的知识很快能够接受市场的挑战，才是设计教育真正的成果"。时尚教育应具有多元性、交叉性和综合性，使得产业实践教学成为时尚教育的发展方向。

随着中国经济的不断腾飞，文化软实力的不断提升，中国时尚产业正在蓬勃地发展与成熟，这就使得中国时尚产业需要更多的立足于行业前沿的领军人才。领军人才的培养与产业的实际操作经验密不可分，只有深入了解行业资源的广度和深度才能更好地服务于企业，更好地为提升中国时尚地位做出贡献，成为上海乃至中国时尚的中流砥柱。

案例 8-7：康泰纳仕时尚设计培训中心

有别于现有的本科以及研究生时尚教育，康泰纳仕是唯一由业界品牌筹办的顶级职业培训中心。其课程从研发阶段就与行业品牌紧密合作，学习内容紧贴行业实战，学习过程融入行业生态圈。该中心的许多课程，特别是在时尚媒体、数字化传播、时尚品牌战略、时尚造型与摄影领域，在国内是独一无二的。而这些如果只是学习理论知识，将很难在毕业之际迅速走向社会。康泰纳仕这种产业实践教学方式，可以帮助学员从实践中进行学习。

康泰纳仕也是首家在创新自主型学习环境中为学员提供与行业实战紧密相连的课程的机构。通过在线教学管理系统，学员们将体验线上线下无缝结合的学习体验，从课程安排、预订会议室、签到直至参加测试和评分。同时，康泰纳仕配备强大的职业发展中心，积极与业内合作伙伴联系，助力优秀学员与校友获得更多更好的就业机会。

四、时尚教育专业化

通常我们把教育分为专业化教育和通识教育，知识的分化乃至学科的分化是教育高度发展的一个标志。所以，要想在一个特定的领域取得成就并引导该领域的发展，则专业化教育的发展迫在眉睫。原清华大学副校长谢维和提出："基于现代化就是要讲专业化，就是一种高度的分化和高度的专业化。没有这种分化和专业化根本谈不上教育。"由此可见，专业教育是基于基础教育的一种更深层次的高等教育。

时尚产业作为服务业与制造业相结合的一种新兴产业，对于差异化、个性化的人才需求极大。时尚教育应专注于时尚链的各个环节，服务全产业链。

案例8-8：时尚买手与管理MBA课程学习全体验

牛顿商学院是中国内地及香港时尚界唯一的专注时尚产业的专业商学院，是亚洲首要的国际时尚管理与教育发展中心，全球三大时尚买手教育机构之一。它的学科主要涉及时尚买手与管理（Fashion Buying & Management, DBA）、国际时尚管理EMBA（Fashion EMBA）、中英合作全球时尚CEO项目

（Global Fashion CEO Program）、中瑞合作工商管理博士学位项目（Doctor of Business Administration，DBA）等国际时尚界高度认可的深造课程和研究生课程。每年都有接受过前沿艺术熏陶和实践锻炼的时尚买手和时尚管理精英从这里走向社会，成为时界的生力军。牛顿商学院的宗旨是传授敏锐的商业触觉和创造力。

牛顿商学院香港时尚买手学院为成千上万名港澳台及大陆的时尚专业人才提供了一系列的研究生层次 MBA、EMBA 课程。为时装、奢侈品、配饰、设计、化妆品/香水、珠宝、葡萄酒及家居等领域培养了一大批具有创造力和创新精神的商业领袖。学院坐落于亚洲时尚产业中心，全球领先时装、奢侈品和化妆品公司的聚集地香港、深圳、上海。学院与时尚界建立了永久联系，并与100 多家国内外时尚奢侈品公司建立了合作伙伴关系。

随着中国经济的持续快速发展，时尚行业在这个全球最大的新兴市场已显示出巨大的潜力。与此同时，国际竞争者、国际品牌以及全球营销网络的发展，使世界时尚产业的竞争也愈演愈烈。中国的服装、香水、化妆品、珠宝等诸多行业的公司都应该在时尚品牌管理、商业营销模式、产品开发策略、创新设计和时尚文化等方面不断追求卓越。

第九章
科技创新与上海时尚之都建设

科技创新是未来时尚产业发展的主要动力。时尚产业的科技创新包括许多方面，例如时尚科技材料的创新。许多时尚企业已将高科技材料运用于产品中，为产品赋予了除了基本使用功能之外的科技功能。又如将高科技信息技术运用于生产过程中，加强生产过程的可视化，生产信息变得更透明。这些科技创新为时尚行业的发展做出了极大的贡献。上海要想突出重围，成为国际时尚之都，科技创新是一个重要的突破口。本章将对以科技创新为手段的上海时尚之都建设路径及时尚科技的主要技术和发展前景两方面进行阐述。在本章的最后，将呈现上海最大的时尚企业上海纺织控股集团如何运用科技创新推进时尚产业发展。

第一节
以科技创新为手段的上海时尚之都建设路径

在科技迅猛发展的今天，科学已实现了与产业的深度结合。时尚产业与科技的融合推动了时尚产业的现代化发展，科技正逐渐融入到时尚产品的设计、制造和时尚品牌的推广、传播等过程中。上海发展时尚科技，以科技创新为抓手，加速时尚产业的发展，提高产业竞争力，对上海发展成为国际时尚大都市具有重要意义。

一、建立时尚科技园区，会聚时尚科技人才

时尚科技园区是时尚科技相关生产要素的主要聚集地，是时尚与科技融合的重要平台和发展载体，建立时尚科技园区将对整个上海的时尚产业起到示范、带动作用，引领时尚的科技创新发展。以"科技创新"为主题，通过对时尚产业进行科学的合理规划，时尚科技园区结合各个生产要素，聚集发展时尚科技的核心力量，会聚时尚科技人才，实现时尚科技的整体协同发展。

时尚科技园区的建立与发展需要园区、企业、相关政府职能部门、投资机构、各大高校及科研机构之间形成良好的合作，优势互补，使得时尚产业发展潜力得到充分的发挥，时尚科技的整体发展将大于各个生产要素发展的简单加总。时尚科技园区的发展要循序渐进，遵循从低级到高级、从简单到复杂、从单要素独立驱动到多要素混合驱动，稳步发展，为上海时尚产业的发展提供源源不断的动力。

时尚产业集聚和时尚产业科技化的客观局势，决定了时尚科技园区的发展是一种必然，科技园区人才战略建设也同样处于一个上升发展期，人才战略的渠道和方式也会日益多样化，时尚科技人才的会聚还需要政府、园区本身、经济环境等多方面的动态因素的不断优化，从而走向成熟。可以从以下几个方面入手：

（1）加快改革现行的工资、福利、职称和奖励管理方法，不断激励时尚科技人才积极从事时尚科技园区的规划、建设、管理、发展和研究，促进时尚科技园区人才的劳动报酬与其创造的社会效益、经济效益紧密挂钩，从而激发其创造性和积极性。

（2）加快培养多层次的时尚科技园区人才队伍。时尚科技园区是最新技术和最新成果的展示基地，对人才素质的要求较高，因此必须加强时尚科技人才的培养和培训，逐步建立起技术过硬的队伍：一是时尚科技园区高层次人才队伍，其中包括技术专家和管理人才；二是时尚科技园区技术骨干推广队伍；三是相关企业的营销管理人员队伍。而相关行政主管部门、科研院所及协会、相关时尚企业和科技企业要高度重视时尚科技园区的人才培训，形成一个覆盖面广的时尚科技人才培养网。

二、政策引导，鼓励创新创业

"十三五"国家科技创新规划中指出，在"十三五"时期，世界科技创新呈

现新趋势，国内经济社会发展进入新常态。其中特别指出，支持上海发挥科技、资本、市场等资源优势和国际化程度高的开放优势，建设具有全球影响力的科技创新中心。上海"十三五"规划中也点明了科技发展的战略以及由科技引导的产业创新对发展的重要性。未来 30 年，世界科技创新将取得重大突破，全球创新版图将发生深刻变化。未来 30 年，受新技术革命、消费需求升级和生产方式变革的影响，全球产业发展趋势将发生深刻转变。上海"十三五"规划明确了上海建设全球科技创新中心的目标，科技的发展成为上海的一大命题。

同时，上海"十三五"规划中提出了"产业创新驱动发展"的概念，科技引导产业发展，建设"新技术、新产业、新业态、新模式"的"四新经济"。时尚产业作为上海产业经济的重要组成部分，其产业创新的必要性不言而喻。《上海市国民经济和社会发展第十三个五年规划》中提到了上海建设时尚创意产业、建设国际时尚之都的必要性，《上海市文化创意产业发展三年行动计划（2016~2018年)》也将上海的国际文化大都市、设计之都、时尚之都、品牌之都建设作为重要目标，扶持时尚创意产业，推进时尚体验类产业前行，促进上海时尚消费品产业创新发展。因此，时尚产业的创新在产业发展中扮演着至关重要的角色，时尚产业与科技的结合是时尚产业发展的新趋势、新动力。

为响应国家号召，以国家和上海发展战略需求为任务，以国际时尚前沿为导向，东华大学上海国际时尚科创中心（Shanghai International Fashion Innovation Center）于 2016 年 7 月揭牌成立。中心将形成基于现代信息技术的时尚品牌与管理创新研究、基于新型材料与技术的时尚产品创新与研发、基于时尚美学与时尚文化传播的创新研究三个研究方向，着力于建设海派时尚知识研发平台、海派旗袍研发平台、中国传统服饰文化研究平台、智能可穿戴服饰研发平台四个研发平台，以此展开科学研究，推进人才培养和社会服务。

三、为企业提供平台

建立时尚科技公共服务平台。一是充分发挥现有时尚科技公共服务平台（如上海国际时尚科创中心）的作用，借助服务平台在产业方面的实体能级，开展以数字化内容、时尚和科技相结合的产业发展为特点的合作，打造优势产业集群模式。二是搭建上海时尚产业发展交易平台，助力上海时尚产业实现跨越式发展，达到时尚产业科技化和科技产业时尚化。

打造时尚行业和科技行业间跨界合作的模式。通过举办"可穿戴设备展"等大型科技类时尚活动，集中展示时尚产业科技化的发展成果。吸引国际重要的时尚科技活动来沪举办，支持企业参与国内外大型跨界时尚活动。引入多元业态，如科技时尚概念店业态、可穿戴科技或时尚品牌实体店、科技与时尚企业跨界合作品牌店等，实现社交功能、文化功能的提升，从而达到时尚产业和科技产业的跨界合作。

四、引入商业化、市场化、资本化的运作机制

摒弃不适应向时尚科技转变的思想观念，树立以市场为导向、科技竞争为动力的新思路，逐步完善自我发展机制。一是经营方式要树立企业观念。坚持经营为本，明确企业经营目标，成为名副其实的时尚科技创意企业。二是确定经营战术时要树立效益观念。要把提高经济效益作为一切工作的中心，业务经营也要考虑经济效益。三是经营战略要树立市场观念。确立筹集资金面向市场，一切经营立足市场的战略方针。四是经营策略要树立竞争观念。增强竞争意识，引入竞争机制，充分发挥各方面的优势，提高企业自身竞争能力。

拓宽资本化运作、监管渠道。随着时尚产业科技化的发展，需要对社会团体参与时尚科技资产资本化运营、管理、监督行为从法律层面予以赋权，推动时尚科技资产资本化运营信息公开，拓宽参与途径，逐步对时尚科技方面的主管政府机构行为形成制衡力量。

提高资本化运营机制的科技支撑水平。首先，上海政府层面需要构建完善的资本化运作制度和政策保障体系，为资本化运营保驾护航；但政策体系建设需要结合上海具体经济社会发展状况。其次，由于资产资本化运作机制需要在不断的尝试和市场推广过程中才能日渐成熟，要向多样化、专业化、精细化和高端化的方向发展，因此，应建立国际合作机制，加强国际领域时尚科技研发合作，引进、吸收国外先进理念，从整体上提高时尚科技研发产业化水平，为其商业化、市场化和资本化的运作机制提供强有力的保障和技术支撑。

第二节
时尚科技的主要技术和发展前景

一、时尚科技材料的发展趋势

1. 环保材料创新

近些年，国际上越来越推崇绿色环保理念，"绿色时尚"也将是时尚产业未来发展的趋势之一。一些高端时尚品牌在设计中倡导绿色，在生产过程中使用绿色环保材料，提倡资源节约循环利用，传递可持续发展的理念。

新型环保纺织材料开发既要有益于人体健康，又要实现生态环境污染物减排。近年来生态环保型材料如纯木浆人造纤维 Tencel、Modal 等发展迅速，这不仅实现了闭合式绿色生产，减少了服装废弃后带来的环境污染，同时又提升了服装的舒适度和亲肤感。这种前瞻性的思维是未来新材料发展的新趋势，许多奢侈品品牌已经开始有意识地利用可持续性面料和环保的生产流程实现资源利用和生态平衡，这是对服装环保理念创新的重大突破。

2. 功能性材料创新

随着人们对着装品质的不断提升，人性化、功能性的产品更深入人心。人们的着装不仅仅满足于普通意义的合体、美观、流行，而是越来越注重功能的完善、强化和创新，注重服装的高性能、多层次和个性化。

如今，功能性新材料也逐渐从高端领域走向人们的日常生活，在不同环境条件下的穿着要突出某项特殊功能，如高吸湿、轻薄保暖、防紫外线、阻燃等，或兼具多方面功能。功能性新材料要充分体现以人为本的原则，满足顾客对不同类型服装的多层次需求。新材料创新主要表现为以下趋势：提升舒适度、增强防护性、提高保健性等。

在 2016 年里约奥运会中，各项赛事都离不开先进的运动装备。只要在对应的奥运项目中不违反规则，适时调整、改进运动鞋及运动衣的功能，就能让运动员们减少外界的干扰，取得更好的成绩。如安踏公司为中国奥运代表团定制的领奖服，取材于杜邦的可再生能源聚酯环保材料，它以植物为原料，经过生物科技改造而成，属于一种特殊的纤维，具有增强耐用性、增强紫外线辐射防护、改善热稳定性、加强阻燃性等功能。

3. 科技智能型创新

高科技新材料能实现服装的智能化，增进顾客适应环境的能力，同时也拓展了服装的功能。智能型服装新材料通过感应人体或环境的变化自动做出反应，体现出数字化、智能化和可穿戴性等功能。

交互式纺织品的出现为服装的智能化提供了良好的解决方案，它可以通过传导纤维及植入服装中的传感器等来实现交互感应，可在服装上实现手机、显示器、监测器等多种功能。如国外一种具有传导性、可充当电子导航的面料已经用于盲人的衬衫，穿着十分舒适，在智能设备越来越隐形化的同时，也将伴随着科技的发展成为物联网中的控制端和移动终端。材料本身具有功能性，企业可以通过跨界、交叉等创新来实现材料的功能创新，将单一的材料优势拓展到新材料的应用领域，打破材料同质化的困境。

二、信息技术

（一）大数据驱动时尚预测

大数据的概念，在影响了诸多行业的发展后，也开始涌向时尚界。许多时尚企业开始培养大数据思维，尝试用一些数据分析的工具去挖掘顾客的消费数据。在时尚行业，尤其是设计及零售环节，对于信息的需求是极强的。面对多种新的思维方式和发展方式，谁能从海量的数据中抓取到有价值的信息，谁就可能在大数据时代占有一席之地。流行趋势预测是时尚产业发展面临的重要环节，企业需要及时地了解流行的款式及颜色、消费者的喜好、竞争对手的动态以及时尚界领军人物的一些看法，通过多方面收集信息来制订计划，这些信息都可以通过大数据收集、分析资料来获取答案。

案例 9-1：大数据服务公司 Editd

Editd 是一家英国大数据咨询服务公司，专门为时尚品牌提供及时的市场与消费者行为资料分析，作为品牌管理者决策执行的依据。2009 年，财务工程师 Geoff Watts 和时尚设计师 Julia Fowler 共同创办了 Editd。

在过去的很长一段时间里，大家都认为时尚行业，尤其是类似于流行趋势这种问题，由于夹杂着太多主观与人为的因素，而不具有科学性。所以，企业往往只通过观测内部数据来制订计划，而对于外部数据的采集，往往耗时耗

力、可靠性不高。Editd 创办者认为，对时尚趋势的预测，不能依赖经验和直觉，而应该更多地依赖实时数据。

时尚行业难点

Editd 公司发现服装行业有两个难点：

（1）设计师：信息资源少，不易把握和响应流行趋势。

（2）零售商：需要通过了解实时数据来决定商品何时上架、何时打折、何时下架。

而 Editd 公司的目标就是帮助服装零售商、品牌和供应商在正确的时间、以正确的价格交付正确的产品。

Editd 大数据分析服务

Editd 提供的大数据分析服务分为三方面：数据（Data）、社群监控（Social Monitor）、创意（Creative），客户可以根据自身的需求来选择服务方案。数据部分，指的是市场分析（Market Analytics）、零售报告（Retail Reports）、广告（Visual Merchandising），通过资料搜集并分析现阶段市场上产品的生命周期、定价策略、仓储标准、折扣等，以及竞争对手使用的营销手法，例如，多久会进行一次折扣、折扣维持多久等。社群监控部分，指的是密切追踪 Facebook、Twitter、Tumblr、Blog 等社交媒体，包含超过百万条意见领袖与时尚专家的评论，让业者能够节省整合的时间，快速掌握最新资讯，并及时反映在决策上。创意部分，指的是定制化的趋势工具版（Trend Dashboard）、伸展台或服装秀（Runway & Street），整合分析现在最热门、最冷门的商品，不同产业或地区宣传营销方式，不同地区与季节的潮流，不同样的品牌形象以及其市场模式。

Editd 成功的原因

到目前为止，Editd 的顾客已包含十大零售品牌，例如：GAP、ASOS、Target 等，以及一些在 2008~2010 年成立的新创的公司。在线零售商 ASOS 订阅 Editd 资料服务 18 个月，根据 Editd 定价资讯更改他们的定价策略，成功地增加了 33% 的销售额，2013 年第四季度更增加了 37% 的收益。Editd 之所以取得巨大成功，源于其解决了服装品牌商及零售商所面临的难题，为时尚界带来了巨大的变革，使客户能够获得他们真正想要的东西，并动态地掌握时尚风格。

Editd 案例分析

（1）社交媒体＋实时数据。

许多品牌会根据每年的流行色来进行设计，但结果有时却不尽如人意。原因在于，同样的色系，会因为不同的款式、细节设计、材质，甚至顾客情感而受到影响。Editd 了解这一弊端，因此通过与 Twitter、Facebook 等社交媒体合作，收集消费者对某一元素积极的或是消极的情绪，并将其转化为数据，同时观察随着时间的变化，人们对该元素的喜爱程度发生了怎样的变化，从而整理出针对流行单品的促销策略、定价、顾客情绪等信息。同时，Editd 也能从大数据中为客户提取观点和分析，这些是普通趋势网站不能实现的。

（2）精确分析＋迅速反应。

数据能够准确把握供给与库存的关系，在第一时间对卖场进行管控。Editd 网站通过精确的数据分析来为企业提供决策方案。数据系统能在第一时间把好卖的款式反映到总部，不好卖的款式也会在第一时间得到控制。

（3）理性数据＋主观预测。

大多数服装品牌和设计师品牌对趋势预测网站都有一定的依赖度，但这些网站往往都是经验主义，主观意识较强。Editd 公司抓住这一弊端，认为数据驱动的分析和科学的预算比人为主观的预测更准确，想要用大数据来支持直觉，用数据驱动时尚预测。由于 Editd 公司的数据都来自公开的社交媒体上的信息，这样既可以获得足够多的数据样本，又可以在消费者的购买中证实流行趋势预测。

现如今，越来越多的时尚品牌零售商通过高科技协助进行管理决策。例如，英国时尚品牌 Topshop 在 2012 年与 Facebook 合作，让消费者在网上制作服装，并有机会登上时装秀；Tesco 在自有的网站上成立一个虚拟健身房，让消费者自行设计想要的样子。高科技结合大数据将会是时尚业未来的趋势，利用这些数据可以了解更多的消费者行为。未来，Editd 可以以扩大监测的产品、市场与国家，或是结合其他穿戴设备，获取更多更准确的消费者行为资料，增加分析内容与准确度。

通过分析这个小案例，上海的时尚产业应如何利用大数据来实现自身发展？

1. 掌握消费者的个性化需求

现如今，消费者对于时尚的理解越来越趋于个性化，因此对企业来说，掌握消费者对时尚和消费的要求至关重要。大数据能够将顾客的喜好和最新的流行趋势以最快的速度传达给企业和设计师，以便他们根据最新的数据做出调整，指导决策，将个性化的时尚产品呈现给消费者。

（1）实体店——将顾客反馈转化成数字。

各个国家、地区的顾客喜好不同，比如拉丁美洲的顾客偏好合身性感的衣服，而在中国、日本这样较为保守、拘谨的国家的顾客则更喜欢沉稳的色系和利落的剪裁风格。因此，各个品牌仓库出货到各国时，是有所区分的。

实体店可以通过搜集海量的顾客建议，比如顾客一句看似随意的评价，店员可以将这些零散的顾客反馈汇总给设计人员，总部据此做出决策后可以迅速做出反应，改变生产样式，重新制定销售决策。

同时，根据这些数据，各个品牌可以做出针对不同区域的流行点，满足不同区域的顾客需求，用数字打造区域时尚。

（2）线上店——产品上市前的试金石。

在实体店的顾客消费行为中，很难分析出顾客的偏好，各品牌可以借助线上店来分析顾客的消费行为。通过线上店的后台系统，各品牌可以了解到消费者每一次点过的内容、停留时间、下单数量、单次消费金额等信息，并因此了解目标客户群的喜好。

线上店不仅可以增加品牌的销售额，同时可以将这些海量的消费数据作为实体店上新的参考，通常会在网络上了解时尚资讯的人，往往能更好地把控时尚信息、对时尚的敏感度更高。而且，会在线上店抢先了解时尚产品的顾客，进实体店消费的可能性也更高。因此，品牌利用线上店的数据，迎合目标客户群的需求，可以更好地提升实体店的销售成绩。

2. 建立高度整合的供应链系统——完善运营、快速反应

对于企业来说，大数据不仅可以预测时尚趋势，还可以快速对市场做出反应。因此，面对大数据提供的庞大数据量，企业的内部管理系统如何支撑和利用才是关键。若内部系统不能对市场信息进行快速整理和反应，收集到的信息和实际运作的信息有偏差，那么大数据所带来的功效也会受到限制。

利用大数据取得成功的关键，是内部信息系统与决策部门的无缝对接，即企业可以快速对消费者的需求做出响应，并执行决策。所以，面对不断扩大的数据

量，企业应当建立合适的信息系统来捕捉和收集数据。时尚品牌可以通过与Ed-itd这类的数据服务公司合作来记录消费者的购买历史、购物偏好，以及社交媒体数据，并将数据转化为可供店内销售人员使用的数据库。凭借这些数据，店内工作人员在面对顾客时，便可以基于其购买历史、社交媒体活动以及趋势数据，来预测分析并提供给顾客购买建议。除此之外，品牌后台系统可以创建灵活响应的供应链，实时更新数据，确保为顾客提供合适的产品和服务。

3. 隐私问题——合理引导、创造价值

大数据是未来时尚产业的发展方向之一，但是对于传统企业来说，很难采用"项目外包"的方法来应对用户隐私问题。首先，大数据不是一种具体应用，不能通过单纯的购买来实现其价值；其次，大数据是一个不断更新、演进的过程，很多时候并不是一次性地达成企业的目标，这就导致其结果难以量化和计算。所以，大数据的项目外包也就很难实现。

因此，在没有办法控制过程的情况下，将数据开放给专业人士是最佳的解决办法，即企业可以购买大数据应用的成果。为了防止商业机密泄露，企业应该借助法律手段，来保护商业机密和个人隐私，阻止数据的非法使用和泄露；政府也应当引导企业合法使用数据、加强管理力度，积极推动大数据的应用和良性发展。

（二）科技与市场的结合，收益消费者，感受科技时尚的力量

高速发展的时尚科技已不仅限于运用在产品当中，科技已经介入到了时尚产品的市场推广过程中。近年来信息科技技术与市场推广手段的结合让消费者感受到了时尚科技的力量，诸如电子试衣间、智能试衣系统、VR（Virtual Reality，虚拟现实）/AR（Augmented Reality，增强现实）等技术的出现，将时尚产品的推广提升到了一个全新的高度，也成为推动时尚产业发展，刺激时尚消费增长的新动力。在上海发展时尚产业，迈向国际时尚之都的过程当中，科技与市场结合的时尚产业推广趋势不容忽视，这将在扩大上海时尚产业影响力的过程中起到重要的作用。综观文化、设计、品牌等时尚行业要素，科技是上海成为时尚之都最有机会的突破口。以下即是目前市场中最为流行的一些科技在时尚行业中的运用。

1. 电子试衣间

澳大利亚mPort科技公司设计出的电子试衣间能够以客户的年龄、性别作为计算基础，通过在试衣间内部安装的仪器来扫描顾客的身材，计算出身高、体重、腰围、臀围及大腿围等数字，储存在顾客的个人资料库中。通过这些数据的采集，系统会自动匹配出适合顾客尺码的衣物，为顾客提供参考。

买衣服时屡次试衣服颇为浪费时间，这样的功能无疑为顾客在购买衣物时节省下了不少的时间。同时通过数据的存档，对顾客的情况有了相应的了解之后，在后续的服务或者再消费的过程中能够有针对性地为顾客提供有效的帮助，发展优质高效的服务营销策略。

截至 2016 年初，已有 25 个品牌与 mPort 合作，包括时装品牌 Leona Edmiston、泳装品牌 Jets 及 Bond-Eye 等。除测量身材的相关数据外，系统还能计算顾客的体重指标（BMI）、瘦肌肉组织及脂肪比例等健康状况，为顾客提供健康数据。

图 9-1　电子试衣间

资料来源：http://news.efu.com.cn/newsview-1150158-1.html.

2. 3D 智能试衣系统

相比 mPort 的电子试衣间，武汉佰家衣库店内推出的一款利用大数据来"量体裁衣"的产品，将功能扩展到了能使顾客自行选择服装面料、款式、配色等，并且具有能够展现出衣服试穿效果的功能，自行研发了"3D 智能试衣系统"。

这款"3D 智能试衣系统"能在不到一分钟的时间内完成包括身高、体重、肩宽等多项主要人体数据的测量，并上传到电脑，生成人体 3D 模型。随后，顾客能够在屏幕上选择面料、颜色、款式、扣子花色、口袋样式等个性化内容，搭配出自己喜欢的服装样式。在武汉这家佰家衣库店内，完成搭配并结算后，顾客只需要等待 7 天左右的时间就可以拿到尺码合适，并且是自己量身定制的服饰。

"3D 智能试衣系统"的引入不仅解决了顾客多次试穿衣服、费时挑选的问题，提高了效率，还大大降低了人力劳动的成本，也减少了库存风险。私人定制的概念也因为这项技术出现了"大众化"的苗头。

图 9-2 3D 智能试衣系统

资料来源：http://news.efu.com.cn/newsview-1163072-1.html.

3. VR/AR 技术

VR（Virtual Reality，虚拟现实）技术是近年来出现的高新技术，利用电脑来模拟产生一个虚拟的环境，并通过视觉、触觉、听觉等让使用者如身临其境一般观察虚拟空间内的事物。AR（Augmented Reality，增强现实）技术则是真实世界的现实与虚拟的结合。AR 技术将虚拟的信息应用到现实世界，使得真实和虚拟的物体共同存在。

VR/AR 技术带来的体验感，正是如今盛行的电商平台所缺乏的。电商网络平台的购物体验相比实体店来说存在着看似不可逾越的鸿沟，但 VR/AR 技术的到来似乎开始改变这一现状。上述"3D 智能试衣系统"就是一个典型的 AR 技术应用的例子。而即使不用到实体店内，VR 技术提供的"3D 虚拟试衣间"也将足不出户的用户的购物体验上升了一个高度。有了 VR 技术之后，用户可戴上眼镜头盔，看到自己穿上对应衣服的样子，还能转身、行动，就像在现实的试衣间一样。

未来，科技与市场的结合能给时尚产业带来的效益可能远远超出我们的想象。在时尚产业的发展与把上海建设成为国际时尚之都的过程中，这一力量在时尚产品的推广与时尚消费增长上扮演着重要的角色。

三、可穿戴技术的运用

可穿戴设备是未来时尚产业发展的一个方向，但未来几年可能还无法形成大产业。原因大致有以下几点：目前现有的可穿戴设备仍然侧重于技术理念，外观不够时尚；功能较为单一，不具有足够的可扩展性，从而难以吸引消费者；除此之外，设备同质化现象严重，而在最能够体现产品创新的软件方面，也面临着应用不足的制约。这几点原因都限制了可穿戴时尚的发展，使其不能成为大众化的时尚产品。

1. 外在——增加时尚元素

可穿戴设备不同于传统的智能设备，顾客需要将可穿戴设备裸露于外部，如手表、手环、戒指、眼镜、项链等。所以，与其说可穿戴设备是一种电子产品，不如将其称为可以体现顾客个性和喜好的时尚产品。

随着可穿戴设备变得越来越普遍，电子产业应该与时尚产业建立跨界合作，可穿戴设备不仅需要具备智能化的功能，更应该拥有养眼和时尚的外观。可穿戴设备制造商应该意识到设计要素对可穿戴设备的重要性，可以尝试与设计师或时装品牌等进行合作，融合技术与设计元素，让可穿戴设备变得高档，甚至接近于时装配饰。

2. 内在——完善软件支撑

可穿戴设备由于缺少完善的软件支撑、创意不足，在吸引消费者方面大打折扣。以"智能手表"为例，不能照搬智能手机的应用，不应该成为小型智能手机，两者在应用方面应该有明确的分工。

可穿戴设备应该通过明确产品功能、完善产品应用，给消费者一个选择该产品的理由，这是可穿戴设备普及市场的重要一步。所以，发展可穿戴设备，首先应提高消费者的互动体验，即具有支撑可穿戴设备的颠覆式应用；其次要尽快完善产品周边系统，为顾客提供完整的后台服务，让可穿戴设备更好地融入到消费者的生活中。

3. 营销——借助时尚媒体

Apple Watch 利用"VOGUE"杂志宣传可穿戴产品；Google Glass 刚推出时也在纽约时装周走了一场 Show。所以，可穿戴设备借助于时尚媒体进行推广将成为一种趋势，在未来可穿戴设备的装饰价值可能会大于其功能价值，尤其是对于女性用户来说，选择可穿戴设备的重要因素之一是其外观设计。

科技企业开发出可穿戴时尚产品，可以借助于时尚媒体的力量进行产品推广。当然，要想得到时尚编辑的认可，可穿戴设备的外观设计必须精湛，提升产品的炫酷和搭配性，并有明确的目标客户群，如白领商务人士等。

4. 推广——数据价值再创造

现在许多 App 都拥有大量用户数据，面对如此庞大的数据，不懂得如何变现便毫无意义。以生活服务类 App——墨迹天气为例，作为一款天气类的明星应用，于 2014 年推出了一款名为"空气果"的智能硬件产品，来实现其 App 的价值。

许多明星 App 可以借助于大量用户数据，开发出与 App 相匹配的可穿戴设备，为用户提供更全面的服务。这就要求创业团队不仅要拥有海量数据，还要从这些数据中，找到真正对用户来说有价值的信息，准确击中用户的消费点。

案例 9-2：果壳电子

上海果壳电子有限公司是由一群有理想的年轻人于 2009 年创建的，主要产品包括 Bambook 电子书、GEAK 智能手机、GEAK 智能手表等。2013 年，果壳电子全心致力于智能可穿戴设备的研发和生产，并发布了被称为"全球第一款真正意义上的智能手表"的 GEAK Watch，由此引起了业界的广泛关注。作为全球第一款智能手表，GEAK Watch 推出仅一年，即占据智能穿戴领域 7.4% 的市场份额，是唯一入榜的国产智能手表品牌。2013 年，果壳电子被总部设在瑞士苏黎世的独立研究机构 SWG（Smart Watch Group）评选为"2013 年全球十大智能手表领域厂商"，GEAK Watch 被"i 黑马"评为"2013 年中国十大可穿戴设备"之一。

随着智能可穿戴设备大潮的到来，硬件层面已逐渐普及，与此同时，顾客对于软件层面的应用也提出了更高的需求。为了给用户提供更多的应用，为智能手表未来的发展注入新活力，果壳电子在业内率先发布了智能手表软件商店与开发工具，并在上海举办了国内首届智能可穿戴设备开发者大赛，向第三方开发者开放了果壳智能手表的软件开发工具包，使开发者可以利用开放的编程接口，开发出适用于果壳智能手表的应用程序。

2013 年果壳电子发布全球第一款真正意义上的智能手表"GEAK Watch"
资料来源：http://tech.huanqiu.com/news/2015-09/7556419.html.

第三节
案例：上海纺控——科创与上海纺控的时尚产业发展

一、企业简介

上海纺织控股（集团）公司（以下简称上海纺控）成立于 2001 年，是由上海市纺织工业局改制组建而成，是一家以科技为先导，以品牌营销和进出口贸易为支撑，以先进纺织制造业和时尚产业为依托的大型企业集团，是中国唯一一家拥有较完整的纺织服装产业链的集科工贸于一体的企业集团。近年来，上海纺控以"成就无限科技梦想，编织多彩时尚生活"为使命，以"致力于成为中国现代纺织产业的领航者和全球客户信赖的服务商"为愿景，紧紧围绕"科技与时尚"的发展理念，坚定地走高端纺织之路，重点发展科技纺织、绿色纺织、品牌纺织、时尚纺织，实现由传统制造业向制造业后续服务价值链的延伸，努力打造与上海国际大都市相匹配的现代纺织服务业。目前，上海纺控拥有总资产 322 亿元，员工 2.08 万人，企业 217 家。2015 年营业额 461 亿元（同比增长 7%），利润总额 10.2 亿元（同比增长 33.4%），进出口额 48.4 亿美元（同比下降 4%），其中：出口额 37.6 亿美元（同比增长 0.5%），进口额 10.8 亿美元（同比下降 16.9%）。

二、上海纺控产业升级转型

1. 加快外贸转型

上海纺控是中国最大的纺织品服装出口企业，以纺织品服装为核心的跨国产业链建设迈出了坚实步伐，相继在德国、美国、日本等发达国家设立了贸易、技术研发机构；在孟加拉国、缅甸、柬埔寨、越南等东南亚国家建立了制造基地；进口品类和渠道、保税仓库建设取得新进展；非纺贸易业务快速拓展，贸易服务平台建设不断健全。成功并购亚洲第四大毛衫供应商——香港慧联，每年增加12亿元销售规模，同时也助力集团在毛衣贸易领域进一步拓展国际市场。与全球行业领先、规模最大的哥本哈根皮草签订了战略合作协议，全球皮草时尚落户上海，同时帮助更多的中国原创设计走向国际。集团的苏丹产业园项目建设、拉美地区贸易开拓也都有不同程度的进展。

2012 年，上海纺控发挥总部贸易服务平台的优势，确保了业务平稳发展，并通过进一步深化与集团战略伙伴的合作，对提升集团贸易便利化、加快进出口业务发展起到了积极的作用。同时，积极推动外贸转型，贸易结构日趋合理。在集团扶持政策的引导下，进出口贸易结构趋向合理，国内销售收入比上年提高了22%。在发挥集团整体优势上，上海纺控积极推进内外贸联动。外贸部门利用采购平台优势承接内贸品牌订单，并利用国内外棉价差，主动帮助内贸部门进口棉纱，降低生产成本；内贸品牌研发中心则利用技术开发优势为外贸部门开发新品种和打样。

2. 加快制造业升级

在加快制造业升级方面，上海纺控依托科技创新，产业用纺织品业务实现平稳发展。上海纺控依托品牌企业优势，带动制造业企业发展。三枪依托品牌效应和加工订单优势，优先将生产订单转移到业内企业，有效带动了业内棉纺企业的正常生产，为缓解棉纺企业经营困难做出了贡献。依托集团产业链资源，里奥竹、Parster（派丝特）和芳砜纶三条龙新产品市场拓展取得积极进展。

3. 加快时尚产业发展

上海纺控拥有三枪、海螺、民光等一批知名老字号品牌，同时打造了 Pro-livon（高端服饰品牌）、EY（时尚服饰品牌）等一批原创设计品牌，此外还成为 Disney、Bagutta 等一批国际知名品牌的主要代理商，在全国拥有 8500 多个销售网点。上海纺控依托承办由上海市人民政府主办的上海时装周以及拥有一批知名时尚创意园区的资源优势，积极整合和利用社会资源，打造了上海国际时尚中心等一批时尚产业服务平台，正在努力成为中国最具影响力的时尚产业综合配套服务商。

上海纺控首创的工业遗存华丽转身为时尚创意园区，已打造 M50、尚街 LOFT、上海国际时尚中心等多个城市时尚地标，并开始向绍兴、阜阳等外省市延伸。目前 60 多个园区中，市级创意园区有 12 个。

4. 加快科技创新步伐

以中央研究院建议为抓手，有力提升集团科技创新水平。一是以建设一流中央研究院为目标，为集团核心业务发展提供强有力的科技支撑。二是召开科技创新大会，加快推动重大技术攻关项目。三是依托技术创新体系，一批科技成果脱颖而出。

上海纺控所属三带公司长期生产航天航空配套产品，为神舟飞船返回舱提供的降落伞带获得中国载人航天工程办公室的嘉奖，以具有自主知识产权的高新技术纤维为原料的新产品进入国内外市场，在体现国家战略、打破国际技术壁垒和垄断中发挥了积极作用。例如，芳砜纶纤维填补了我国在耐高温市场领域的空白，成功替代进口纤维，用于国防军工的某型号系列导弹的隔热装置；玻纤复合产品进入大飞机制作流程，用于制作椅罩、门帘，在实现阻燃的同时，使大飞机"瘦身"30 公斤以上。

三、上海纺控旗下品牌的时尚科技

1. 纺织新材料

在时尚科技材料方面，欧美等发达国家的纺织企业是新型纤维、纺织机械的主导者，牢牢把握着全球高档纺织品市场。为打破国际技术壁垒和垄断，上海纺控花费数十年时间，开发出一批具有自主知识产权的高新技术纤维。

里奥竹纤维是上海纺控旗下上海里奥纤维企业发展有限公司在 Lyocell 纤维系列产品基础上，自主开发的新型环保纤维。2008 年底，里奥竹纤维项目组开始研发，2009 年 6 月，里奥竹纤维试纺成功，达到批量化生产的要求，2009 年 10 月，"溶剂法高湿模量竹纤维及其制备方法"申请了专利。里奥竹纤维因具有强伸特性，适宜与其他纤维混纺，产生不同的效果，并可提高其附加值。里奥竹也可以制成毛巾、毯子、被面、床单、床垫等。在透气性、透湿性方面，用里奥竹纤维制成的床上用品表现出了其良好的性能。尤其是莱竹纤维，具有抗菌性能，更适于做家纺产品。

上海纺控生产的耐高温纤维芳砜纶，未来有望运用在国产大飞机 C919 上。大飞机的座椅外套等纺织品，既要求防火性，还要重量轻、寿命长，这对纺织品提出了更高要求。上海纺控以具有自主知识产权的高新技术材料、高新技术纤维为原料的新产品进入国内外市场，在体现国家战略、打破国际技术壁垒和垄断中发挥了积极作用，同时也推动了时尚科技在纺织业的发展。

2. 数字化服装设计

上海市纺织科技发展中心根据上海"科技与时尚"的发展战略，整合资源建立了"数字化服装快速反应系统"的服务平台，拥有美国格柏的服装 CAD 软件，从加拿大进口的三维人体扫描仪等大型现代服装设备，集聚了服装科技与时尚设计的技术和人才，其中有留学国外的设计师、多语种的服务团队、国家一级技能版师和高级工艺师，研发集服装设计、技术、制造为一体的数字化、高效率流程管理系统，以推动服装产业链的完善、高科技的推广应用、品牌的培育、设计制造人才的培训和中国服装业的发展。平台服务的中小企业均分布在江、浙、沪，业务覆盖贸易、设计开发、技术支持、品牌运作等方面。平台以其全产业链的服务内容，不可取代的服务能力，众多合作客户长期的认可，成为上海纺织集团内首家从事服装设计研发和供应链技术支持的现代化服务型平台，它的发展已经带动了一个从设计、研发、打样、生产到消费的庞大产业链。每年服务的对象持续递增，例如，2013 年相比 2012 年服务的中小企业数又增加了 30%，其中长期协作的企业有 30 多家。

四、服装个性化智能制造众创服务空间

过去 20 年是信息、沟通和商品互联的时代，诞生了百度、阿里巴巴、腾讯。未来 10 年是产业互联网和平台型企业崛起的时代，拥有行业纵深服务能力的垂直细分平台将兴起，未来每个传统产业都将出现行业的领军企业。作为传统制造行业的纺织服装行业，利用大数据、云计算、物联网以及移动互联网等，向全面信息化、绿色化的智能制造的变革转型已成为必然。

因此，上海纺控应以"智能制造"为手段，以服装个性化定制为载体，依托上海市纺织科学研究院的示范文创园区资源，结合上海市服装研究所的高新企业技术优势，建立一个以三维测量、虚拟设计试衣、数据库建设、个性化快速定制生产的"智能制造"技术服务平台，为小微创新企业的成长和个人创业提供场地

服务、技术服务、咨询培训等公共服务，建立一个智能制造领域的低成本、便利化、全要素的开放式综合服务空间，实现通用技术交流与研究，实现创新与创业、线上与线下、孵化与投资相结合。

1. 开发三维智能测量仪器

提供定制领域大学生创业的单头测量便捷产品。设备成本低、移动便携、对人体无伤害，不要求被测者脱衣净体测量，能采集人体三维尺寸成像。这改变了手工测量成本高无法实现异地下单，拍照测量方法数据不准套码生产，激光白光等测量方法需要脱衣净体测量的现状。

提供品牌企业远程定制的线下测量间。在品牌企业线下销售网点安放试衣间大小的智能测体间，能够在 5 秒钟内完成测体和下单，为品牌企业转型开展定制业务，尤其是为远程定制提供可能，减少人工成本，并进行在线客户数据管理。

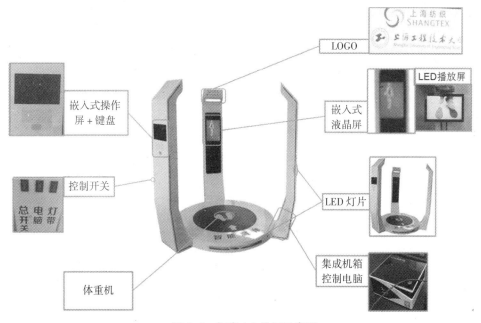

图 9–3 智商 1.0 样机示意图

智能测体仪器由底盘和三个白玉兰花瓣立柱构成，花瓣聚拢向上。白玉兰为上海的市花，象征纺织服装行业的开路先锋、奋发向上的精神。三个玉兰花瓣分别代表：科技、时尚、艺术，与上海纺织"科技与时尚"战略契合，含苞待放说明我们的研发具有极大的潜力。这个设计同时也是对海派文化的传承。

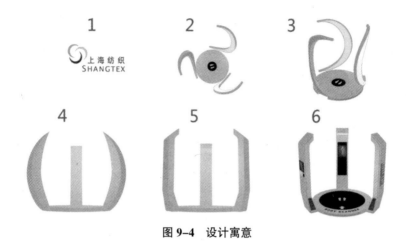

图 9-4　设计寓意

2. 搭建移动定制网页下单系统

提供手机、平板电脑等移动工具适用的远程定制互联网公共网页平台，与后台数据库联通，可以进行消费者测量数据显示、自选定制款式、下单等操作。同时随时查看订单的生产状态以及物流跟踪状态。解决远程定制以及现有淘宝等电商平台没有定制端口的难题，为大学生创业者减少定制端口的成本花费。

提供企业针对智能定制业务开发的管理后台，便于创业企业管理客户信息，跟踪订单，分析定制数据。

图 9-5　步骤 1：输入基本信息

图 9-6　步骤 2：查看量体数据

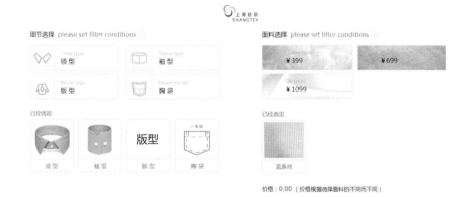

图 9-7　步骤 3：选择领型袖型等

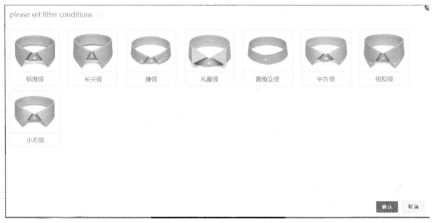

图 9-8　步骤 4：领型界面

图 9-9　步骤 5：提交订单

图 9-10　步骤 6：支付下单（完成）

图 9-11　步骤 7：订单查询

3. 建设柔性化智能流水生产线

提供大学生互联网定制企业的产品及样品开发基地。利用上海市服装研究所现有服装产品快速开发生产线，进行个性化智能定制的生产研究，包括板型快速开发、面料快速裁剪、生产智能流水，达到平台统一接单，生产协同。同时，利用二维码扫描技术，在加工过程完成的每一步，都通过扫描将加工进度更新到云端数据库，使后台管理人员和用户可以随时查看订单进度。为大学生创业初期解决订单松散、成衣工厂难以满足、个性化订单生产难以快速协同的难题。

图 9-12　MTM 自动变版—自动裁剪—生产流水线—成衣

4. 建立园区众创服务管理平台

上海纺控通过建立众创服务管理平台，提供智能制造和互联网定制创业企业的办公场地和优惠租金，提供智能制造领域的技术宣讲、量体培训、生产管理培训、专业产品介绍等，提供对孵化企业的资本对接、企业招聘、公共交流空间等服务。

上海纺控的众创服务管理平台基于远程自动测量——"服装三维智能定制"，5 秒即可获取客户身体尺寸信息，并通过平台将数据快速传输到设计生产中心，同时完成网络下单，实现消费者直接面对生产商的服装个性化智能定制模式，将逐步推进服装龙头企业的互联网转型和智能定制平台型企业的发展。

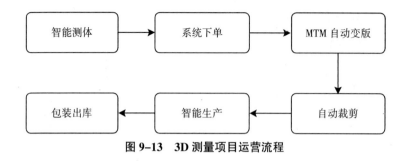

图 9-13　3D 测量项目运营流程

五、上海纺控时尚产业未来发展方向

1. 大数据分析

在大数据时代的影响下，上海纺控可以通过旗下各个服装品牌，从线下实体店和线上店两方面收集顾客的反馈，并通过后台转换成可以利用的数字化信息。总部可以根据大量数据，及时地对顾客的反馈做出调整，从服装的款式、面料、设计等各个方面来尽量满足客户的需求，实时更新数据，确保为顾客提供合适的产品和服务。

2. 智能制造

工业 4.0 时代已经到来，对于服装传统行业而言，不论是自动化机械的操作还是新型智能技术路径的研发，企业都需要有革新的决心和魄力。

上海纺控实现智能制造，可以从以下五个方面入手：一是个性化定制，能够使规模经济和个性化的产品与服务有效结合；二是可以通过系统优化来提高企业的运行效率，降低经营成本；三是促进新业态、新模式的形成，特别是制造业服务化的趋势会越发明显；四是提高资源的利用效率；五是培养高素质人才，因为只有实现人机有效配合，才能使智能制造发挥其理想效果。

3. 智能成衣

制造业是上海纺织产业发展的重要竞争元素，高端纺织制造业是都市产业的重要组成部分，制造业向高科技、自动化、智能化方向升级迫在眉睫。要加大产业用纺织品发展力度。汽车板块除了继续复制"销地产"的模式在内地进行扩张外，要进一步加大产品开发的力度和对产业发展新趋势的探索，推动新材料向市场化产品配套方向发展。在提高产品质量的基础上，里奥竹、芳砜纶产品要加强研究，加快转化为受市场欢迎的消费品，形成有效益的产业价值链。要加强研发资源整合，实现科技与制造的紧密有效对接。

要加快科技攻关，加快纺织、服装大数据建设，加快应用技术的产业化、商业化。要尽快建立智能化成衣和服装快速设计、打样、制作平台，建立服装快速成衣系统能力，最终为外贸成衣生产企业和集团品牌发展提供先进的技术支撑；同时要抓紧形成高级智能化成衣定制能力，开创新型纺织服饰消费模式。

第十章
品牌与上海时尚之都建设

作为时尚发展的载体，品牌建设与发展在时尚之都的建设中扮演着重要的角色。在上海发展成为国际时尚之都的过程中，时尚品牌的培养和推广不可忽视。时尚产业通过对品牌的建设与优化，实现从相对低附加值的制造与加工发展到具有高附加值的时尚品牌打造，并且在时尚品牌的打造和推广过程中扩大时尚城市的影响力。目前，上海已经拥有众多代表性的时尚品牌，包括服饰、珠宝、化妆品等行业的领先品牌，它们在品牌培养和品牌推广中所付出的努力也可圈可点。本章将从以品牌为依托的上海国际时尚之都建设路径、上海国际时尚之都品牌建设的现状、上海国际时尚之都时尚品牌发展规划三方面进行阐述。

第一节
以品牌为依托的上海时尚之都建设路径

一、 时尚品牌的定位

品牌定位是品牌建设发展的基础内容，能否精确地找准品牌定位对一个品牌来说至关重要。时尚品牌的定位需要确定品牌的特性特征，明确目标消费群体，使得顾客在出现相关需求时能够马上对该品牌产生联想。时尚品牌的定位的维度主要包括：①市场定位：明确品牌所针对的消费群体，收集和分析目标消费群体的主观特性和客观分布，确定一个适当的市场位置。②产品定位：确定品牌产品的差异化特点，调研和分析同类品牌和竞争品牌的产品，以避免同质化和增强品牌产品的竞争力。

文化是品牌的内涵，品牌定位同样指的是品牌在文化个性上的差异的商业策划。文化积淀对于时尚品牌来说是其核心价值塑造的关键所在，是时尚品牌的灵魂所在，也是树立品牌识别体系最重要的因素。所以时尚品牌定位过程中，文化的融入是必不可少的，这样的融合对品牌时尚风格的积淀有着深远的影响，能对品牌的传播起到良好的推动作用，更容易与消费者产生共鸣。与此同时，在科技高速发展的今天，时尚品牌产品在研发过程中越来越多地将科技元素融入到其中，或将其作为宣传的卖点。时尚品牌的定位还涉及价格定位、渠道定位和地理定位等。做好品牌的定位，是上海时尚品牌孵化所需要迈出的一步。

二、时尚品牌的运营

时尚品牌的运营是企业为时尚品牌的发展壮大所做的一系列综合性策划工作。时尚品牌的运营需要根据时尚企业的愿景和使命进行规划。有了精准的品牌定位作为基础，时尚品牌的运营还需要建立完善的品牌运营体系，集中品牌资源，统一品牌战略，实施规范化的品牌管理。品牌的运营需要通过一系列的技术手段进行管理。成功的时尚品牌运营主要体现在：①科技力：时尚品牌的竞争归根结底是时尚产品的竞争，任何一个优秀的时尚品牌都离不开其产品这个物质载体。卓越的品质离不开品牌的科技力，过去如此，在现在这样一个全球化和互联网科技蓬勃发展的今天更是如此。②形象力：形象力包含两方面，产品形象和企业形象。时尚产品从来都是跟美密不可分的，优秀的产品外观对消费者有着巨大的吸引力。企业形象则是企业的生命线，可以赢得社会的好感和合作，这就是为什么国际众多时尚企业都会投身于公益事业和树立社会责任感。③营销力：基于科技力和形象力，以品牌传播为手段，开拓市场和征服消费者，是品牌能否成功的决定性因素。

三、时尚品牌的传播

时尚品牌的传播是品牌建立品牌形象、建立品牌与消费者之间的联系、促进品牌市场销售以及传达品牌核心价值的营销传播方法。时尚品牌成功的价值创造需要成功的品牌传播，因此上海时尚品牌发展的过程中，必须最大限度地利用品牌传播手段传达"海派文化"的精髓，突出上海时尚的独特性，吸引潜在的消费群体。

整合营销传播概念的提出，明确了品牌在传播过程中综合运用多种媒体传播方式的特征，将品牌的传播效用最大化。在科技发达的今天，传播媒介多元化的趋势逐渐呈现，为时尚品牌的传播开辟了新渠道。诸如电子刊物、社交网络等新媒体作为新型传播方式为时尚品牌更快、更广、更精准地传播提供了新的路径。基于网络的成倍传播效果，网络新媒体传播成为一大关注点。上海时尚品牌的传播在结合自身品牌特色的同时，应注重新型传播方式的结合，高效并且有效地向目标客户传递信息。

同时，助力上海发展成为具有影响力的国际时尚之都，扩大上海时尚品牌的国际影响力是至关重要的一步，因此，时尚品牌的跨文化传播就显得尤为关键。跨文化传播的设计与实施上，需要考虑文化的差异性与共同性以及交流的有效性，对不同地域的文化进行针对性的传播，尊重当地文化，寻求不同文化间共通的价值观念，实现时尚品牌的跨文化传播。

四、时尚品牌的产业化、资本化

当时尚品牌发展到一定阶段时，品牌的产业化、资本化将对上海时尚产业的发展起到强有力的促进作用。

时尚品牌的产业化是时尚产业利用品牌的建立与发展，产生联动和集聚效应，实现上海时尚产业的转型和升级，形成成熟完善的时尚产业链，同时带动相关产业发展的必由之路。上海时尚品牌的产业化发展，对时尚产业实行积极有效的品牌扩张战略有着积极的推动作用，使得时尚产业与时尚品牌之间相互促进、相互推动。产业化的发展有利于加强对时尚品牌的产品质量、生产规模、科技含量的把控，稳步提高品牌和产业形象，保证上海时尚产业快速、健康发展。

时尚品牌的资本化是将品牌作为无形资产进行评估量化，即把品牌当作一项资本进行运营。时尚品牌的资本化运营是时尚品牌将自身拥有的品牌资本价值进行运用，通过相关的经营活动实现资本的价值增值。资本化的运营帮助企业快速发展、增加利润率，从宏观上助力对时尚产业经济的发展，提升时尚产业的竞争力。

五、时尚品牌的创新

随着时尚产业的发展，时尚品牌间的竞争日趋激烈。上海的时尚品牌要想在竞争中立足，占据一定的优势地位，就要在品牌的发展过程中坚持创新的品牌理念。品牌的创新并不是对传统的否定，而是在传承中为品牌注入"新活力"。时尚品牌的创新也涵盖多个方面，包括品牌的形象、设计、运营、服务、推广等。

对于一个时尚品牌来说，把握流行趋势，吸收潮流化的元素，是实现品牌创新需要做出的努力。将这些元素融入到品牌的形象、设计、服务等理念中，使得品牌契合当下的时尚潮流，吸引消费者，扩大品牌的影响力。同时，科技发展的日新月异也为时尚品牌的创新提供了技术支持。不论是在原材料上的创新，还是在运营推广上的创新，新科技的实施都将在品牌的建设发展道路上发挥不可估量的作用。

第二节

上海时尚之都时尚品牌建设的现状

上海时尚产业的发展，要将上海发展成为具有全球影响力的国际时尚大都市作为目标，加强时尚品牌的培养与发展。相比目前的世界五大时尚之都，上海在时尚品牌数量和国际影响力两项指标上都有所不足。但我们可以看到，上海并不缺乏在行业内有竞争力的品牌。这些品牌在品牌培养和品牌推广方面各具优势。本节将对上海服饰行业、珠宝行业以及化妆品行业的代表性品牌"之禾"、"老凤祥"和"双妹"品牌发展的模式进行分析和研究。

一、上海时尚服装品牌——"之禾"

致力于环保时装开发的"之禾"服装品牌，总部位于上海。1997 年"之禾"（ICICLE）品牌创立，同年首家店铺在上海正式营业，1999 年其精致通勤线诞生，主打都市女性市场。2004 年"之禾"具有代表性的超环保线诞生，该线路推行极致的环保标准，探索品牌在环保内的无限可能性。2006 年都市职业女性通勤常规性产品——基础线正式推出，2007 年"之禾"获得上海国际服装文化节组委会颁发的"原创力量市场潜力奖"，2009 年"之禾"年轻线正式上市，

2010 年"之禾"首个全线路综合店在上海正式营业，其中包括环保婴儿装的应运而生，到 2013 年"之禾"店铺数在全国已经达到了 100 多家，并在巴黎成立了设计中心。

"之禾"发展的过程与其对于品牌运营的方式密不可分。在近 20 年的发展中，其在时尚品牌培养与时尚品牌推广方面做了大量努力。

1. 时尚品牌的培养

"之禾"将品牌运营与既具有个性化特征又符合市场需求的设计风格相结合。"之禾"以可持续环保作为品牌的核心价值，从品牌上市之初就具有很强的品牌特征，而每一条产品线又围绕环保演化出不同的产品线风格。

以"之禾"女性时装为例，"之禾"读懂了当代女性对回归原点的潜在需求，并将这一需求视作女性时装发展的根基，将"舒适、环保、通勤"作为自己品牌的轮廓。在女装上，其设计主张简约、简单，同时以沐浴自然之美的"轻"作为主要理念，设计了很多着装轻便、风格简约的产品，深受广大消费者喜爱。例如使用纯天然动物纤维的双面呢大衣重量不仅低于 1 公斤，还能够勾勒出独特的优雅造型和流畅线条，还给消费者以简约和回归生活本质的理念。这种具有独特视角、符合市场需求的设计风格本身就是品牌最好的广告。

但在品牌的文化特色方面，"之禾"还有待提高。品牌的核心是文化内涵，具体而言就是其蕴含的深刻价值内涵与情感内涵。"之禾"作为国内知名的品牌如果要想走得更远，就不再只是销售自产品了，而是文化的销售与创造。"之禾"虽然致力于环保发展，并与顾客紧密结合，渴望同顾客形成共同的情感归属，但是其对于品牌深层次的文化内涵认知还不够深刻。西方很多时尚品牌可以在全球范围内流行，因为它有信仰，有自己的文化积淀，知道自己从哪里来，要到哪里去，怎样实现。"之禾"目前在这一部分还有待提高。相比之下，英国著名奢侈品牌巴宝莉（BURBERRY）就做得很好，它充分利用历史传统，将 156 年的品牌历史与英伦风情相结合，经典格子图案、独特布料等都让人在感受产品设计与品牌的同时，被英国独有的文化气息所吸引。而中国 5000 年的传统历史其实已经为企业奠定了强大的历史基础，而"之禾"并没有把中国的历史传统文化融入到品牌的打造中，实现对中国文化的提炼与创新。

当一个品牌成为一个文化，就成了一个信仰。要让世界接受中国的设计、中国的服装，文化的输出与创造是必不可少的。这种文化不仅应该存在于设计中，更应该存在于管理中。企业的运营依托于国家文化的熏陶才能够长久，而不是一味地跟随西方的脚步,然后陷入无尽的迷茫与无奈。品牌的打造更应该是一个文化传承与创造的过程,其通过产品表现出来,依托于历史与文化的熏陶,成为一种信仰必不可少的条件。

在地域文化与时尚文化结合方面,"之禾"也有一些需要改进的地方。其依托于具有5000年历史的文明古国——中国,在历史长河中,各地文化都呈现着自己的特色。例如在上海,其所代表的"海派文化"有着兼容并包的特色,这种文化对于艺术、建筑等都有深远影响,但服装品牌中却极少涉及这些特色,就连在上海成长起来的"之禾"也没有将其运用于品牌的建设中。除此之外,中国各地的特色文化都不同,它们绚丽多彩,但却少有人会去汲取和涉及相关元素,并将其推向世界。这些元素对于世界而言是独特的,也是世界认识中国的一个角度,是我们能够走向世界的一个发展方向,值得我们注意。

位于亚洲的岛国——日本在这个方面就非常值得我们学习。2012年,日本知名百货公司伊势丹决定与日本的10个领先品牌合作,推出名为"Tokyo Summer Madness or: How I learned to stop wearing a shirt and love the Yukata"(东京夏日疯狂:我学习如何停止穿T恤却爱上夏日和服)的活动,企划并设计了十款联名Yukata浴衣(夏日和服),渴望将这种日本的服装文化推向世界,让更多的人了解日本文化。虽然日本和服受到中国汉服的影响,但在中国,汉服却很少会有品牌涉及,并从中提取元素进行品牌打造。

"之禾"在巴黎设立了设计中心。这样的海外并购、利用国外优势资源为我所用的商业模式虽然是迈出了走向世界的第一步,但却主要是将"天人合一"的理念与法国高级时装创意与经验相融合。制作出来的服装仍然偏西方,真正具有中国特色的传统文化与时尚的结合还是很难在其设计中得到体现。推进中国特色文化融入其产品设计与品牌打造,是"之禾"未来发展的重中之重。

2. 时尚品牌的推广

"之禾"善于将品牌运营与营销相结合。每年"之禾"的专卖店都会开展很多特卖会,折扣最多能够达到1折。每年的特卖会都会吸引大量的新老顾客。特卖会的营销模式能够让"之禾"迅速将品牌打入市场,不仅吸引了之前就购买产品的顾客,新顾客也会因为其价格而停下脚步,竞相抢购自己心仪的产品,品牌就这样在新老顾客之间传递,为"之禾"迅速打开市场局面。同时,电视、报纸、杂志、网络等平台上广告的推送更让其品牌的知名度得以快速传播。

同时,"之禾"也注重与消费者的紧密联系。不仅将品牌与消费者的日常生活联系在一起，设计出人们愿意穿、回归生活本质的产品，还会邀请新老顾客来公司参观沟通，了解顾客的建议与要求，并向顾客传播其良好的企业形象。"之禾"对于顾客提出的建议和要求会认真记录、考量，对于重要的、有建设性的意见，会将其运用于设计生产中。除此之外，微博、官方网站、天猫商城等线上商城的开通同样为搜集顾客建议提供了便利条件。通过与顾客直接或者间接的沟通，公司可以全面地了解顾客的需求，明确市场环境，及时将其运用到企业的运营中来，能够帮助企业少走很多弯路，更能让"用户至上，用心服务，坚持用自己的服务去打动客户"的理念深入人心。

线上、线下活动相结合是"之禾"品牌运营的一大特点。当今时代是信息化的时代，商业运营也应顺应时代的发展潮流。"之禾"在天猫等网上购物商城开设了旗舰店，与实体店同步更新最新的款式信息，让顾客足不出户就能够享受"新鲜出炉"的产品和服务。线上运营快捷、便利、成本低廉，且电商在一些特定的节庆日，例如"双十一"，会推出大量打折促销活动，这与在实体店的打折活动相结合，让品牌运营更上一层楼。电商购物狂欢节举办时，铺天盖地的广告轻松快捷地将所有的产品推送至世界的每一个角落，又进一步提高了"之禾"的产品知名度。

中国的时尚服装品牌在世界上能够被知晓的屈指可数，"之禾"作为中国的时尚服装品牌，也是如此。究其原因，"之禾"在时尚品牌的推广方面还存在很多不足之处。

（1）缺乏展示自我的平台。将品牌推向世界最好的途径之一是在时装周上一展风采，但是"之禾"却似乎比较缺乏自我展示的平台。其设计理念、目标等都很明确，甚至环保的主题也会让人眼前一亮，但是更多的是亮相于中国的上海时装周，虽然能够对其品牌运营产生一定影响，但是缺少在世界舞台上的展示，影响力有限，这样很难将品牌推向世界。然而国外很多知名品牌都会争取在世界知名的时装周上展示自己的设计作品，提高其品牌知名度。包括"之禾"在内的有实力的时尚品牌应该尽可能在世界舞台上争取展示自我的平台，让更多的人认识中国的时尚品牌。

（2）缺乏顺应时代潮流以及体现民族文化的创新。当今时代，创新是企业发展的不竭动力。为何中国时装品牌知名度不高，缺乏顺应时代潮流以及体现民族文化的创新是其重要的原因之一。在时尚服装设计方面，"之禾"会以各种环保主题为品牌制定新的设计理念。但"之禾"并没有深入地汲取中国传统文化精髓进行品牌设计。作为一个中国的品牌，世界愿意看到的是具有本民族特色风格的服装，而"之禾"在这方面还有很大的提升空间。而且，当今时代发展的可穿戴设计在"之禾"的产品中也未得到广泛运用，使"之禾"的产品缺乏亮点，难以产生影响力。然而美国的苹果公司2016年发布的可穿戴设备——Apple watch因为其与手机等移动设备的连接，提高了人们的工作效率，让其迅速成为可穿戴时尚的代名词。而其与爱马仕的合作又将其带入时尚领域，进一步扩大了其品牌的影响力。所以推进中国的创新能力，尤其是在产品设计与新科技的融合上显得尤为重要。这不仅是国家应该重视的方面，也是我们应该长期推进的工作。要想让企业发展更具有前瞻性，就应该推进产品制造转向产品智造。

（3）缺乏品牌内涵。"之禾"要让品牌为更多的人所认可，就必须要拥有深厚的品牌内涵。中国品牌在海外推广过程中遇到障碍，也是因为国际消费者对"中国制造"的固有印象。提到"法国制造"，人们会想到奢华与精致；"瑞士制造"给人精准、可信赖的感觉，而目前"中国制造"给人的印象却与"大规模生产"、"低质量"联系在一起，缺乏品牌内涵与价值。这是中国品牌走向海外市场过程中需要摆脱的一大劣势。"之禾"在巴黎成立了设计中心，落户法国，但要改变人们心目中对于"中国制造"的固有思想还有很长的路要走。这就需要我们在积极提高创新能力的同时，提高产品质量，积极开拓海外市场，提高"中国制造"的产品形象。

二、上海时尚珠宝品牌——"老凤祥"

图 10-1　老凤祥品牌

上海珠宝首饰品牌"老凤祥"创建于1848年，是由老凤祥银楼发展沿革而来，已经拥有一百多年的历史，是中国首饰业的世纪品牌。在品牌发展的道路上，"老凤祥"坚持"在传承中创新、在创新中发展"的理念，不断提升文化故事、产品的工艺和创意价值。如今"老凤祥"拥有一大批优秀的设计名师，充分发挥人才优势，使"老凤祥"品牌产品逐步向个性化、差异化、时尚化发展。

"老凤祥"目前已经发展成为集科、工、贸于一体，拥有一条完整的产业链，拥有老凤祥银楼有限公司、老凤祥首饰研究所有限公司、老凤祥珠宝首饰有限公司、老凤祥钻石加工中心有限公司等 20 多家子公司，首饰厂、银器厂、礼品厂、型材厂四个专业分厂，以及 60 余家连锁银楼、300 多家专卖店和 1000 多家经销商的大型首饰企业集团。

"老凤祥"近年来所获得的成绩，让我们见证了这一民族珠宝首饰品牌的发展、升华。多次入围《财富》"中国 500 强"的"老凤祥"，已连续 12 年跻身蝉联世界品牌实验室主办的世界品牌大会"中国 500 最具价值品牌"榜单。2016 年，"老凤祥"的品牌价值达 222.91 亿元。2015 年，"老凤祥"全年销售 350.59 亿元，同比增长 8.8%；利润达 16.57 亿，同比增长 8.51%；市场占有率达 11%，并且在当年国际专业咨询公司德勤（Deloitte）发布的全球奢侈品报告"Global Powers of Luxury Goods"中，"老凤祥"位列"全球规模最大的 50 家奢侈品公司"第 16 名。

1. 时尚品牌的培养

"老凤祥"注重品牌文化的继承，将"老凤祥"品牌百年来的文化底蕴注入到企业的各项工作和市场活动中，通过产品设计展示了传统民族文化的底蕴魅力。同时，"老凤祥"也注重文化的创新，如何契合当下时代的潮流，推动品牌的发展，成为"老凤祥"的一大命题。在坚持文化传承与创新并进的品牌发展道路上，"老凤祥"承载着"继承创新民族经典、国际时尚的首饰产品与文化"的使命。

作为引导上海国际时尚之都发展的重要理念，海派文化对"老凤祥"品牌的发展产生了不可忽视的影响。大气睿智的海派文化特色成就了"老凤祥"设计师们海纳百川、追求卓越的创意、创造、创新的精神特质，这也成为其品牌发展以及之后转型升级的动力所在，也是为消费者提供具有高度品质保障服务的基础。

在创新方面，"老凤祥"品牌不断推陈出新，为品牌注入新鲜的血液，提升品牌的竞争力。例如，在 2016 年上海"迪士尼年"（Disneyland Year）效应凸显之际，有着全球化长远眼光的"老凤祥"发布以迪士尼为主题的系列新品，在其中国零售门店正式发售。将全球家喻户晓的卡通人物形象融合到设计当中，吸引年轻消费者，开启梦幻时尚的生活。这一跨界合作将"老凤祥"的品牌形象成果植入年轻人心中，为传统历史品牌增添了年轻、活力、多元化的新标签，为其品牌能够契合、满足年轻人群的需求，实现品牌年轻化、时尚化和全球化打下坚实的基础。

图 10-2　"老凤祥"迪士尼系列

除此之外，"老凤祥"也在制作工艺方面不断创新与提升，更有效地开发新系列产品。取得专利的"老凤祥硬足金"就是由上海老凤祥有限公司携手上海交通大学经过三年共同研制和开发，运用科技手段的专利技术，改变普通足黄金质地柔软的特点，使足金首饰在设计款式、工艺及品质等各方面迈上一个新台阶。"老凤祥硬足金"首饰通过特殊的冶炼配方手段，使产品耐力更强、更耐磨，不易变形、断裂，使产品质量更可靠。

2016 年 4 月，"老凤祥名师高级定制"在上海揭牌成立，拉开了中国名师珠宝高级定制的序幕，以满足广大消费者制定个性化定制珠宝的需求。目前的"老凤祥"拥有国家级工艺美术大师 7 人、市级以上工艺美术大师 18 人，各类中高级技师 87 人，是"老凤祥"傲视群雄的核心竞争力之一。这样的人才规模在世界上都是处于领先地位的。

随着国民经济水平的提升，中国珠宝市场近年来不断发展、竞争日益激烈。"老凤祥"在传统的零售行业取得骄人的业绩之后，迅速意识到单一的发展模式不足以实现使其发展成为一个具有竞争力的国际大品牌的目标，进而推出高级定制系列，正是由于"老凤祥"管理层针对需求强烈的高端市场进行调研，发现了高端人群对珠宝饰品的需求，率先决定针对中国珠宝高端市场，成立中国首家"老凤祥名师高级定制"。

"老凤祥"的高级定制被赋予了鲜明的品牌特色。"老凤祥"设计中心的设计师在国内拥有很高的声望，其创新的设计理念和清新的设计风格为顾客量身定制独一无二的个性化珠宝首饰。同时目标也锁定了年轻的消费市场，顺应当代年轻消费群的需求，特别推出个性化定制设计及 DIY 工艺的体验，同时普及珠宝首饰的相关保养与维修的知识。"老凤祥"在高级定制上也注重将珠宝高科技和传统手工艺结合，采用 3D 打印技术，使其与传统手工艺结合，能更好地为顾客服务，量身定制独特风格的首饰以及个性礼品，满足顾客多样化的需求。

总的来说，"老凤祥"在品牌培养方面已取得显著成效。品牌对传统文化传承，保持自有品牌特色的同时，也注重文化的革新。同时，品牌设计也在不断地发展创新，紧跟时尚潮流，携手科技，共同推动品牌的发展壮大，为品牌的推广打下坚实的基础。

2. 时尚品牌的推广

"老凤祥"长期坚持品牌发展战略和品牌营销的市场策略，以品牌为先导，拓展全国市场，完善营销网络布局，跨越式发展战略成效显著。"创意拉动设计、文化创造价值、技艺引领潮流、品牌营销取得市场"的理念贯穿于整个品牌推广过程中。"老凤祥"选择中国著名演员赵雅芝作为品牌的形象代言人。赵雅芝在全球华人社会有着广泛的知名度，在出演的影视作品中多以清丽脱俗的形象出现，其典雅高贵的形象与"老凤祥"经典时尚的品牌定位不谋而合，对品牌在国内市场的推广起到了重要的推进作用。

"老凤祥"在国内不断发展的同时，也重视品牌的国际化，本着"立足上海、覆盖全国、面向世界"的发展方向，为发展成为具有国际影响力，比肩国际珠宝大牌的中国珠宝品牌而不断努力。2012 年"老凤祥"澳大利亚悉尼特约专卖店开业，随后，2014 年 12 月在美国纽约第五大道设立专卖店，2015 年 9 月加拿大温哥华银楼也盛大开业。"老凤祥"的"民族珠宝首饰业的领军品牌向国际著名品牌"发展的战略目标正稳步推进，这彰显着"老凤祥"向着"民族化、国际化、全球化"发展的决心。"老凤祥"举办的一系列产品发布活动及相关文化活动将品牌的声誉在全国乃至世界范围内宣传开来，如"老凤祥"上海国际首饰文化节、中国国际珠宝展、国际首饰珠宝展等。

"老凤祥"对比国际珠宝大牌，如卡地亚（Cartier）、蒂芙尼（Tiffany & Co.）、宝嘉丽（Bvlgari）等，其国际化还有很长的路要走。针对不同目标国家，特别是"一带一路"沿线国家，应采取相对应的有效的营销策略推广"老凤祥"产品，逐步打开国外市场，培养品牌影响力。"老凤祥"作为上海代表性的珠宝品牌，已经具备了一定的国内外品牌知名度和市场占有率，其打造国际化品牌的战略，将引领上海时尚珠宝产业的发展，为上海发展成为国际时尚之都做出贡献。

三、上海时尚化妆品品牌——"双妹"

"双妹"将上海女子言谈举止的娇俏柔媚，骨子里透出的女人味与上海女子的聪明伶俐、果断干练融合于一身，打造极具女性气质的美妆品牌，深受消费者的喜爱。2010 年，躬逢世博盛会，"双妹"进一步跨出历史性的一步。其携手国际品牌管理团队、法国产品开发团队和蒋友柏先生设计团队，进一步提升这一拥有百年历史的国货品牌，用前瞻性的眼光，将"双妹"打造成以上海名媛文化为个性的中国首个高端时尚跨界品牌。

"双妹"是一个具有百年历史的品牌，虽然有过一段时间的衰落，但其品牌重生的强势体现了其亘古不衰的极强品牌延续力，这主要是因为其本身品牌在中国国内的深入人心，而这又得益于其在时尚品牌培养与时尚推广方面的不懈追求。

1. 时尚品牌的培养

文化与品牌培养相辅相成，是"双妹"的一大特色。上善若水，海纳百川，是祖先对上海所赋予的特色。中西混血主义在矛盾两极之间游刃有余，是上海人内心意识形态的写照。而反映在女性世界里，又形成从上海名媛到都会新女性所独有的内敛的开放、静中蕴动的风情。"双妹"起源于 1930 年上海滩名媛闺阁美颜秘方，在大都会女性的活色生香中，复苏东方精神，复刻彼时华光，以高贵的材料精心研配及雕琢而成，融入时间与智慧，蕴藏上海魅力名媛绮丽传奇。静谧优雅，不动声色中尽显时尚与奢华，彰显极具个性、融汇东西的女性风采。

从文化上来看，"双妹"起初既拥有上善若水、海纳百川的清新脱俗的风格，又具有上海女人特有的娇俏柔媚、风情万种的特色。经过百年的洗礼，这种时间带来的文化底蕴更加深厚。同时依托于中国的经济中心——上海，其独特的文化特色还被披上一种现代与时尚的色彩。这些文化特点与品牌结合，让品牌别具一格，更具辨识性。纵观中国博大精深的文化，"双妹"作为一个具有百年历史的老品牌早已被时间打上烙印，在中国本土文化品牌上留下了浓墨重彩的一笔。从品牌上来看，一个"双妹"贯穿中国的百年历史文化，仿佛从"双妹"的品牌发展就能读到一个城市的复兴，一种文化的复兴，一段记忆的复兴。而在复兴中赋新，在跨界中扩张，在人文的基础上，建立一个高端时尚跨界品牌，又需要其本身文化所赋予的力量。所以，从"双妹"品牌诞生到现在，在将近 120 年的历史长河中，随着历史的变迁，辗转沉浮与砥砺积淀，"双妹"已不仅是一个商业的品牌，更代表着一种经典文化，文化价值与品牌价值、历史价值的相互加成。

"双妹"的不断创新，也为品牌发展带来了全新的视角。纵观世界商业品牌运营与发展，让一个品牌永葆青春的最重要因素就是创新。创新是管理的原动力，提供给企业源源不断的生命力，更让品牌迸发生机。至于具有百年历史的"双妹"，创新是其经久不衰的一个重要特点。

今天的"双妹"，除了中西合璧，推出多种功效的化妆品外，还结合其自身的上海基因与文化优势，积极寻求文化层面的跨界品牌推广，比如与周洁舞剧《周璇》的战略合作，以及与周兵导演的《外滩》植入合作等。"双妹"和《周璇》舞剧在历史和文化层面相互契合与交融，舞剧在上海和海外华人地区得到了广泛的关注，而上海城市史诗纪录片《外滩》，是 2010 年上海世界博览会的城市献礼片，也是当年上海国际电影节的开幕影片，极具影响力。除此之外，"双妹"还不断开拓创新，积极探索更多领域，推出一些围巾、配饰之类的跨界产品，进一步扩大其品牌影响力。

2. 时尚品牌的推广

"双妹"不仅善于将文化与品牌结合，创新与运营捆绑，还在细节之处彰显品牌特色与文化风韵，例如其室内设计与包装设计，善于通过视觉陈列设计来进行品牌推广，刺激消费者购买。

室内设计方面，"双妹"邀请著名设计公司法国法尚设计公司对其店面进行室内设计。法尚设计公司在了解了"双妹"品牌理念后，为"双妹"设计了高端奢侈品品牌的概念，旨在体现一个上海 30 年代的全新视野。"双妹"和平饭店旗舰店的设计创造了亲切而愉悦的装饰艺术氛围，展现品牌的灵魂。以 Art Dceo 的灵感为设计线索，摒弃了其中的怀旧元素，以亚光和闪光的黑线纵横交错，同时

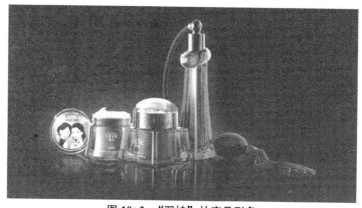

图 10-3 "双妹"的产品形象

点缀洋红色的图案，突出了品牌代表色，烘托出一个中国现代女性的小沙龙，打造感官上的极致体验。把 20 世纪 30 年代上流名媛的优雅生活状态及现代的审美视觉集中呈现出来。

包装设计方面，"双妹"作为以上海名媛文化为个性的高端时尚跨界品牌，与台湾蒋氏后人蒋友柏及其"橙果设计"跨界合作，对"双妹"的经典系列进行包装设计，共同演绎一段时隔半个多世纪的牵手传奇。蒋友柏以其家族基因和对上海名媛文化的独特视角与理解，用其对于包装的设计诠释了"双妹"品牌的"东情西韵，尽态极妍"。这是来自双方共同的文化血统、共同的 20 世纪 30 年代上海名媛文化的价值认同、共同的对经典文化的时尚演绎、共同的对上海名媛文化走向国际的推动。

第三节

上海时尚之都时尚品牌发展规划

上海的时尚产业发展还有很多不足，上海的时尚城市建设与世界的其他时尚之都，例如纽约、伦敦、米兰、巴黎等，还存在着一定的差距，发展模式落后于世界几大时尚都市，在世界时尚领域的知名度较弱。究其原因，缺乏具有极大影响力的时尚品牌是其中一个重要的因素。为了改变现状，成为国际时尚之都，塑造品牌显得尤为重要。基于对上海品牌的研究和与五大时尚之都的比较，我们认为上海国际时尚之都时尚品牌发展规划应从以下几个方面进行探索。

一、精确市场定位

以中国消费者为主，首先应该为中国消费者服务，而不是盲目追随西方消费者的需求。对于本土品牌，最了解的应该是中国消费者；对于产品，最适合的人群也应该是中国消费者。所以，以中国消费者为主更容易做好品牌的口碑营销。而且基于中国消费者，不仅让企业拥有广阔的消费市场，而且有利于提高品牌的知名度，扩大品牌效应。

现阶段，政府主推"一带一路"发展战略，为品牌"走出去"提供政策支持。"一带一路"依靠中国与有关国家友好的双多边机制，借助行之有效的区域合作平台，主动发展与沿线国家的经济伙伴关系，共同谋求发展，积极形成命运共同体。搭上"一带一路"的顺风车，上海时尚企业可以坐拥沿线国家的消费市场，为品牌"走出去"，寻求海外市场提供了契机。

除了政策支持，大量的新型信息技术及科技也能够帮助企业进行技术精准营销，例如，基于大数据的数据分析，将海量、高增长和多样化的信息咨询转化为精确的市场信息，能够准确掌握消费者的行为习惯，帮助企业实现准确的市场定位。

二、明确品牌定位

品牌定位应当突出"海派文化"。依托于中国上下五千年的历史发展、岁月沉淀，上海所具有的"海派文化"别具一格，其既有江南文化（吴越文化）的古典与雅致，又有国际大都市的现代与时尚。品牌定位突出"海派文化"，不仅包括"原汁原味"的地域特色，也包括与国际接轨的前沿文化。上海所独有的古典与雅致让品牌既具有一定的独特性和辨识度，又具有历史的厚重感，仿佛从一个品牌可以看到一座城市，读出一段历史。而国际大都市的时尚气息又为其走向国际，走向世界提供了契机。

品牌定位应当注重科技创新，尤其是时尚科技的创新。从世界众多品牌的发展来看，创新是一个品牌永葆青春的核心动力。2010年苹果公司发布了世界第一款便携式电脑"iPad"，被人们称为"改变世界的划时代产品"，而早在20世纪80年代，苹果品牌的形象就与创新相连，到今天苹果的品牌形象依然具有青春活力，这与其创新是分不开的。此外，苹果在时尚科技方面也有涉及，"iwatch"全面发布，并与世界名表品牌合作，开始进军时尚行业。在时尚科技方面，近几年比较火的可穿戴设备、VR（虚拟现实技术）等开始兴起，上海的品牌也应该顺应时代潮流，朝着时尚科技创新方面迈进。在产品设计生产的阶段和对目标消费者市场营销的过程中均积极运用高科技信息手段，使得产品的生产过程更加透明，更加具有创造价值。

三、细化品牌渠道管理

以时尚带动经济，打造完整的时尚经济产业链为主题，让上海成为可以比拟巴黎、纽约等城市的时尚之都。中国时尚产业模式落后于世界几大时尚都市，如果我们能够全力解决时尚产业链落地的问题，那么上海乃至中国的时尚产业经济将会有数百亿元、数千亿元的井喷式增长。为了解决时尚产业链的相关问题，细化品牌渠道管理是其中十分重要的一个环节。细化品牌渠道管理指的是将品牌的销售和供应渠道进行细分，分别找出其优劣势，然后进行有的放矢地利用与管理。实现细化品牌渠道管理可以通过加强线上、线下整合，丰富多样化和个性化的营销渠道，并利用"互联网+"的新科技手段等方式实现。

多渠道品牌管理，加强线上与线下互动消费是指通过联合、加强两条或者更多的渠道管理，并基于多渠道协同实现商品、信息、促销等的集中控制，以满足消费者的各种生活所需。例如很多时尚品牌会利用线上与线下的整合多渠道地对产品进行销售。多渠道管理能够降低企业运营成本、增强客户体验、提升顾客忠诚度。但多渠道管理需要有强大的呼叫中心和完善的供应链管理体系作为后盾，需要大量的资金和专业人士作为保障。总体来看，要想做好依旧任重而道远。

信息化时代离不开互联网，细化渠道管理同样可以依靠互联网让品牌发展具有更广阔的空间。2015年3月十二届全国人大三次会议上，李克强总理在政府工作报告中提出"互联网+"行动计划，推动互联网、云计算、大数据、物联网等现代制造业结合，促进电子商务、工业互联网和互联网金融的发展。基于"互联网+"，企业可以将工业、商贸、通信等与互联网融合，拓宽渠道，进一步细化渠道管理。其中，"互联网+品牌"的模式备受重视，被众多企业家重视并运用于实践，他们从全新视角，运用全新思维方式实现"互联网+"时代下的品牌构建与打造。"互联网+"也将成为时尚行业未来的发展方向。在互联网上推销时尚产品的最大挑战是体验和服务。目前许多时尚企业正在积极开发服务，加强线上消费者对产品和品牌的体验及服务。

四、加强资本运作

在瞬息万变的市场中，企业生存、品牌运营等都需要强大的资本作为支撑，而资本只有在运动中才有活力。为了加强资本运作，增强企业活力，更为了实现整个社会财富合理再分配，稳定国内经济稳定，加强资本运作显得尤为重要。

灵活多样的融资渠道能够实现企业的高增长，企业资本在增强资本运作方面应当积极开辟多种融资渠道方式。企业在整合现有公司资源的同时可以积极寻求政府资金支持，投资银行支持或者通过上市获得融资或者利用非传统的渠道融资，例如，争取"天使"投资、私募发行、使用费融资等，通过多样化的融资渠道，让企业拥有更多资本运作的可能性。

吸引风险投资也是一种必要手段。大量事实证明风险投资对社会经济具有巨大的意义，是技术进步和高新技术产业发展的"催化剂"，能够为社会资本投向高新技术产业发挥桥梁和导向作用，促进整个技术市场和金融市场的形成与发育，为中小企业健全发展保驾护航。目前的风险投资公司分为私人风险投资公司、合作风险投资公司、小企业投资公司，企业应当权衡各种风险投资方式，选择最合适的风险投资公司。

企业依法并购能够帮助企业扩大经营规模，占领市场份额，击败竞争对手，使企业的生命长盛不衰，所以依法并购也能够促进资本运作。时尚企业在进行并购之前需要认真分析兼并企业的现状、行业优势、产品优势等，有选择地实施兼并，同时还应当做好经营战略的提前部署、并购时尚企业的文化管理与整合等工作。

第十一章

"一带一路"与上海时尚之都建设

在中国的古代，丝绸之路在世界版图上不断延伸，诉说着沿途各国人民友好往来、互惠互利的动人故事；现如今，一个新的战略构想在世界政经版图从容铺展——共建"丝绸之路经济带"和"21世纪海上丝绸之路"。这一跨越时空的宏伟构想，从历史深处走来，融通古今、连接中外，顺应和平、发展、合作、共赢的时代潮流，承载着丝绸之路沿途各国发展繁荣的梦想，赋予古老丝绸之路以崭新的时代内涵。

中共十八届三中全会通过《中共中央关于全面深化改革若干重大问题的决定》，将加快与周边国家和区域基础设施互联互通建设，推进"丝绸之路经济带"和"21世纪海上丝绸之路"、"一带一路"建设，形成全方位开放新格局作为未来5年乃至10年的施政方针和工作重点。"一带一路"是"丝绸之路经济带"和"21世纪海上丝绸之路"的简称。它是一种合作发展的理念，更是中国一项中长期国家发展战略。"一带一路"不仅是古老的丝绸之路的提升和延续，也是中国与有关国家谋求共同利益的合作平台，推动经贸往来和文化交流的融合。"一带一路"战略主要的目标是解决中国目前的过剩产能、资源物质获取乏力、战略纵深的开拓等一系列国家发展战略问题。秉承"一带一路"的发展愿景，中国的时尚产业将走上更广阔的发展道路。中国的时尚行业将"走出去"，同时也将把"一带一路"沿线国家的优势资源"带回来"。

和平、发展、合作、共赢是当今世界的发展主题。在全球经济复苏乏力，国际和地区局势纷繁复杂的大环境下，传承和弘扬丝绸之路精神更显重要和珍贵。"一带一路"坚持共商、共建、共享原则，意在推进沿线国家发展战略的相互对接。为落实"一带一路"重大倡议，我国政府制定并发布了《推动共建丝绸之路经济带和 21 世纪海上丝绸之路的愿景与行动》。

"一带一路"是促进共同发展、实现共同繁荣的合作共赢之路，是增进理解信任、加强全方位交流的和平友谊之路。在恪守联合国宪章的宗旨和原则，遵守和平共处五项原则的基础上，中国政府倡议全方位推进"一带一路"沿线相关国家的务实合作，打造政治互信、经济融合、文化包容的利益共同体、命运共同体和责任共同体。

"一带一路"经济带上贯穿亚欧非大陆，连接活跃的东亚经济圈和发达的欧洲经济圈，处于中间的腹地国家经济发展潜力巨大。"丝绸之路经济带"重点畅通中国经中亚、俄罗斯至欧洲（波罗的海），中国经中亚、西亚至波斯湾、地中海，中国至东南亚、南亚、印度洋。"21 世纪海上丝绸之路"重点方向是从中国沿海港口过南海到印度洋，延伸至欧洲，从中国沿海港口过南海到南太平洋。

"一带一路"建设，陆上依托国际大通道，海上以重点港口为节点，加强双边合作、强化多边合作机制，促进区域合作蓬勃发展，是沿线各国开放合作的宏大经济愿景。"一带一路"的建设将促进区域基础设施的完善，安全高效的陆海空通道网络的形成，投资贸易的便利化，使得区域内各国经济联系更加紧密，人文交流更加深入。

第一节
时尚行业在"一带一路"上

"一带一路"有着很强的区域性含义，是构建我国周边战略依托带的战略性举措；"一带一路"建设标志着我国对与周边国家关系认识的重大战略性转变，即推动我国与周边国家利益共同体和命运共同体的建设。"一带一路"涉及五六十个国家，区域覆盖总人口约 46 亿，绝大多数为发展中国家。例如东南亚国家（缅甸、越南、柬埔寨）与我国直接接壤，相对来说文化和传统与我们最为接近，但政治制度、意识形态、发展水平差异巨大，地缘政治复杂。在"一带一路"发展战略下，如何有序推进与不同国家在时尚方面的合作，是中国时尚行业及相关政府部门十分关心的问题。

一、向"微笑曲线"两端发展

时尚产品，作为原丝绸之路的主要出口产品，理应承担起建立"丝绸之路经济带"和"21世纪海上丝绸之路"的责任和使命。中国作为时尚大国，中国的纺织服装行业在整个全球占据着重要的地位。但不可否认的是中国的时尚行业一直是世界工厂。从产业的"微笑曲线"来看，中国时尚产业处于"微笑曲线"的最下端，主要负责加工生产，是产业链附加值最低的一部分。中国时尚行业已经意识到应改变现状，但由于没有合理的发展战略和高效的管理能力，在这几年的高速盲目发展下，积累了极大的库存压力，产能严重过剩、品牌缺乏价值。因此，如何解决企业行业的产能库存问题、提高品牌价值和设计的附加值，有效稳健地向"微笑曲线"两端发展，是中国时尚企业急需提高的方面，也是中国时尚行业进行"一带一路"规划建设的重要内容。

可以明确的是，时尚行业的产业升级需要从目前的生产制造向设计和品牌延伸，将传统的劳动密集型转变为技术密集型，提供更多增加产品附加值的服务，即加大"微笑曲线"头尾两端的价值产出，从而提高时尚产业的全球竞争力和促进中国时尚产业的蓬勃发展。而加大"微笑曲线"头尾两端的价值产出，需要时尚企业深化改革，强化以科技内核"工业4.0"为核心的智能化生产概念，输出增值服务。

二、"互联网+"与创新共同驱动

消费者需求的快速变化，全球化的竞争市场，以及时尚产品市场生命周期的缩短，极大地增加了时尚企业优化产品和运营模式管理的难度。在"一带一路"的发展背景下，我国本土时尚企业需要进行产业升级管理，解决市场和供应所造成的不确定因素带来的企业的经济效益损失和缓慢发展。在新常态下，受互联网环境的强烈推动，时尚产业已经从一个传统产业，慢慢转型升级为向"互联网+思维"（例如凡客）、线上线下一体化（例如森马服饰、七匹狼和九牧王）、国际品牌战略（例如江南布衣、波司登）的方向发展。这样的发展战略，使得时尚行业的供应链管理模式也逐渐转型升级成更透明化、集中化的供应链体系。时尚产业链的层次化愈加明显，我国时尚行业沿着个性化发展方向建立产业联盟和供应链联盟也将成为一种必然。

时尚企业通过创新驱动，进行品牌化和产业化的产业升级。创新驱动可以创造一个具有极高产品附加值的品牌和服务。例如，在"互联网+"模式下，创造一个可以让消费者和时尚企业共同参与共享的设计、营销的平台，创建多渠道发展管理协调的战略体系，整合信息化和科技的合作和联姻。在创新的过程中，基于"互联网+"进行营销创新、设计管理创新、渠道运营创新、供应链优化创新、信息化体系创新，让创新成为整个行业进步的驱动力。时尚企业需要深化创新效率，优化创新驱动力。

时尚产业是文化创意产业的一个重要分支，时尚产业的发展需要创新驱动。在"一带一路"的目标下，通过创新驱动，挖掘创意设计、提升品牌管理、加强供应链协同，时尚产业将带动庞大的"中国制造"，特别是时尚产业实现转型升级、创造高附加值，形成"中国智造"和"时尚定制"等高附加值的产业链模式。在"互联网+"与创新共同驱动下，创新、快速、绿色的服务、国际品牌战略将是未来中国时尚产业进入全球竞争后需要加强和发展的方向。

每一个城市的兴起和繁荣，总会伴随着一个行业的发展。城市的繁荣需要经济、文化、生活等各方面的提升。时尚行业推动着城市经济的发展，更能加快一个城市对文化和生活品质的追求。所以，时尚产业的发展能够加快城市繁荣。

广义的时尚行业包含了服装、化妆品、腕表、珠宝等相关行业，而英文中的fashion（即时尚）一词一般被狭义地理解为服饰、时装。所以，从狭义的角度讲，时尚即是服装、时装。时尚产品作为生活必需品，已经经历了几千年的历史，并且在未来的日子里，还会继续延续人们必不可缺的商品。所以，时尚产品对于我们来说非常熟悉，又是我们必不可少的商品。然而时尚不是永恒的，它总是在发生变化。在这种变化下，产业的发展不断加速。

时尚是建立在个人间相互模仿基础上的社会现象。当人口密度相对比较高时，人们的互相模仿现象就会尤为突出。在不断模仿中，消费者，特别是生活在城市中的消费者，需求就在不断扩大。随着中国消费者购买力的提高，中国已经成为了世界上最大的时尚消费市场之一。几乎所有的国际时尚品牌纷纷进入中国，时尚成为了一种消费文化，更形成了一种特有的社会现象，影响着中国消费者的生活。然而，中国的时尚产业与发达国家的时尚产业还有一定的距离。从国际时尚流行的过程可以看出，中国的时尚流行更多地跟随伦敦、巴黎、米兰、纽约、东京这些传统时尚之都，这些城市在全球时尚产业中的地位举足轻重。中国时尚产业一直紧随国际一流的时尚设计、时尚品牌，但缺乏自主设计与创造，缺少自己国家或是城市的风格特点。

可以说狭义的时尚行业是中国最为成熟的行业之一，原因是它已经具备了超过 30 年的国际生产经验，超过 20 年的品牌管理经验。中国是世界上具有最完整的纺织服装产业链的国家，虽然已培育出一批时装品牌（如例外、江南布衣等），但缺少知名的国际品牌。在这样的现状下，如何进行产业突围、加快时尚产业的建设和发展、提高城市的时尚指数，是目前从业者和政府面临的严峻问题。

三、金融危机后面临的挑战

2008 年全球金融危机之后，中国时尚行业面临着巨大的挑战。以服装行业为例，经过经济危机的震荡之后，近年来全球经济形势趋好，中国服装行业出现回暖现象。2014 年以来，国家出台了一系列政策稳定外贸增长，同时相关服装企业也积极谋求转型升级，加快信息化改造、生产线改良等措施。

然而，近年来中国自身的经济数据并不被看好，时尚产业发展遇到了诸多瓶颈。在中国，诸如东莞这样的城市，服装企业大多数从事品牌代工，服装行业这样的劳动密集型企业，仅有部分工序可以被机器所替代。考虑到人力、土地等成本，服装企业正在努力寻找发展的突破口。然而如今东南亚服装行业的崛起，使得我们的服装产业面临强有力的劲敌，需要面对来自柬埔寨、孟加拉国、越南、巴基斯坦、印度、斯里兰卡等国家的多方竞争。东南亚国家对比我国，劳动力成本相对比较低，加上这些国家的低关税，甚至如孟加拉国、柬埔寨实行零关税政策，东南亚国家在成本控制上占据优势。虽然国内拥有在设计、工艺方面的优势，但这些国家的力量也不容小觑。国内服装业出口受到人民币升值和原材料价格上升的影响，订单已经开始转移到成本更低的新兴国家。

"一带一路"重大倡议的提出，使得时尚产业发展趋向于区域化，形成产业集群，寻求共同发展，减缓与东南亚国家之间竞争所带来的压力。

四、2016 "一带一路"国际时尚周

响应国家"一带一路"重大提倡，中国国际文化传播中心主办、文化部海外文化设施建设管理中心支持、中国服饰文化委员会承办的 2016 "一带一路"国际时尚周，为中国与"一带一路"沿线各个国家加强时尚产业搭建了一个合作平台。时尚周以"中国时尚"为话题，与各国交流研讨时尚产业发展，同时推动、深化合作。

在 2016 "一带一路"国际时尚周上，"一带一路"沿线多个国家推荐国家服饰设计代表，展示本国服饰时尚文化；加强了中国品牌与世界时尚品牌间的交流；举办各类时装艺术展等。"一带一路"时尚周助力中国时尚产业的发展，将中国时尚文化理念推广至世界，推动中国时尚品牌的发展，同时在交流过程中与国际时尚相互融合，相互学习，以达到共同发展的目标。

案例 11-1：上海风格服饰有限公司的"一带一路"

上海风格服饰有限公司为国际著名快时尚品牌 H&M 的最大饰品供应商，年出口额在 4500 万美元以上，在中国国内有数十家全资控股的工厂，近期在缅甸前首都仰光开设控股工厂一家。风格服饰在开设缅甸工厂之前对东南亚的许多国家进行了市场调研。东南亚国家的纺织行业发展受到了许多潜在条件的制约，例如孟加拉国的工厂存在安全隐患、缅甸的电力不足、柬埔寨的劳工动乱。风格服饰调研发现，越南拥有相对稳定的政治制度和完整的产业链结构，然而越南的工资水平和土地成本已接近中国本土。即使越南在关税方面有所优惠，但越南国内缺乏棉花供给，这使得所有的生产端对原材料的需求都需要进口，进一步加大了生产成本且放慢了供应链的反应速度。

风格服饰最终选择了在缅甸开设其第一家海外工厂，跨出了"一带一路"海外扩展的第一步。2003 年美国对缅甸贸易制裁前，缅甸 50% 以上的服装都出口到了美国。制裁的影响是毁灭性的，对美国的出口几乎降至零点。如今，缅甸服装行业正在慢慢恢复元气，一些欧洲服装品牌（如 Adidas、H&M 等）在缅甸的订单量越来越大。过去一年，美国服装品牌 Gap 在缅甸工厂的订货量已经翻了两番。Gap 成为美国恢复对缅贸易以来的第一家进口商，其产品上附有"缅甸制造"的标签，深受美国消费者欢迎。2012 年缅甸出口额仅为 9 亿美元，2013 年为 12 亿美元，2014 年缅甸出口额达 15 亿美元，2015 年还在不断地持续增长，这些数据的增长不仅是因为许多服装品牌对缅甸生产产品的肯定，还因为缅甸的劳动力成本和土地价格都相对较低、政治环境逐步趋向稳定。所以，中国纺织服装企业将部分产品转移至缅甸生产具有一定的可行性。

通过对风格服饰的调研可知，我国纺织产业发展正处于一个内外部压力汇聚的阶段。在这些压力下，一些低投入产出比的低端产品制造难以为继。东南亚国家的生产成本相对较低，整个产业链结构也越来越成熟，使得这些相对低投入的产品生产进行转移。中国的许多纺织企业在利益驱使下将工厂开设至东南亚国家也是形势所趋。从"一带一路"国家战略的角度、从中国纺织服装行业发展的角度来看，实施"走出去"战略是形势所趋。从产业的"微笑曲线"来看，中国纺织产业处于"微笑曲线"的最下端，主要负责加工生产，是产业链附加值最低的一部分。中国纺织行业已经意识到应改变现状，但由于没有合理的发展战略和高效的管理能力而只能望洋兴叹。因此，如何解决企业行业的产能库存问题，提高品牌、设计、生产科技、信息技术等方面的附加值，有效稳健地向"微笑曲线"两端发展，是中国纺织服装企业急需提高的方面，也是中国纺织服装行业进行"一带一路"规划建设的重要内容。

第二节
上海时尚之都建设在"一带一路"上面临的机遇与挑战

一、上海时尚之都建设在"一带一路"上的发展思路

可以明确的是，上海时尚产业的升级需要将传统的劳动密集型转变为技术密集型。在东南亚国家的服装行业快速发展的同时也存在一些潜在的问题，例如一些当地企业为了降低成本，经常雇用童工，此外，生产环境也不够安全。在东南亚国家，本土全资的工厂要经过西方品牌的审核是一件非常难的事。在这种情况下，西方品牌更愿意寻找中国的供应商，鼓励他们去东南亚国家投资办厂，进行管理。这种产业的转移是一种服务的输出，服务创造价值，提供更多增加产品附加值的服务，即加大"微笑曲线"头尾两端的价值产出，从而提高时尚产业的全球竞争力和促进中国时尚产业的蓬勃发展。

二、东部沿海资源向中西部的战略转移

时尚产品，作为传统丝绸之路最具代表性的货物，理应承担起建立"丝绸之路经济带"和"21世纪海上丝绸之路"的责任和使命。"中国制造"已经不再是低质量的代名词，中国现以高质量和高生产率而闻名，这些在很大程度上弥补了成本的增加。中国政府的资金投入到更偏远的省份，解决了沿海省份的劳动力成本高的问题。新疆作为一个纺织服装生产中心，有着很好的发展潜力。新疆是人造纤维和棉花的主要生产地，劳动力成本低于沿海省份，宁夏是全球最大的高端

羊毛羊绒的加工地。而且，在地理上，新疆和宁夏比中国其他地区更接近欧洲市场，所以中国纺织行业仍然有挖掘自身优势的潜力。

上海时尚产业未来发展的重点方向应集中做以高科技、差异化、环保型为特征的新型化纤及材料、做强以面料研发和设计为基础的时尚品牌及装饰纺织品，集中培育时尚产业和时尚品牌。上海的时尚产业应结合自身优势进行产业转移，将处于"微笑曲线"中两端的部分转移到中西部地区，这样在"一带一路"全球扩张的同时，上海可以继续运用自身优势，保持在国际中的优势。

三、强化以科技内核"工业 4.0"为核心的智能化生产概念

智能化时尚产品和时尚智能化将是未来上海时尚产业的重要发展方向之一。加大"微笑曲线"头尾两端的价值产出，需要时尚企业深化改革，强化以科技内核"工业 4.0"为核心的智能化生产概念，输出增值服务。上海时尚产业具备完整的产业体系，包括以热衷时尚产品为主的庞大消费人群，以上海时装周等大型时尚活动为依托的传播媒介，以海派文化和东方设计理念为主的独立品牌，以可穿戴时尚产品等为趋势的智能产品，以及高素质的从业人员等。时尚产业需要加快改造力度，积极开发一体化、信息化、连续化、智能化等先进技术设备，促进时尚产业与战略性新兴产业相结合。互联网的发展正在进入深度融合、变革创新、引领转型的新阶段。谁将互联网融入到时尚产业，谁就掌握了时尚产业的未来。在"一带一路"发展战略的指引下，时尚产业必须重点思考如何进行智能化时尚产品和时尚智能化的开发和管理。

东南亚国家纺织产业的加工规模、产品种类、质量和整体档次，与我国相比都还有较大差距，我们应该更主动地参与到正在发生的产业变革当中，结合自身条件逐步将一部分低成本的生产环节转移到东南亚国家，而上海时尚企业则集中更多的资源发展附加值更高、效益更高、市场竞争力更强的环节。这种通过生产代工转移、上游产品输出的方式正表明在东南亚纺织业崛起过程中也蕴藏着上海时尚产业的发展机会。

四、增大管理服务的建设，推广管理经验

中国已成为世界工厂多年。在这些日子里，中国纺织行业已积累了大量先进可行的管理经验。传播上海纺织行业的生产管理经验必对"一带一路"沿线的纺织生产国家（特别是东南亚各国）有重要借鉴作用。这些管理经验的整合输出，

必将成为一种产业战略转移和扩张阶段重要的产业附加值输出。这种管理服务包括了经营管理。经营管理需要帮助企业树立市场、效益、成本、质量、品牌、营销、节能减排、以人为本等适应市场经济要求的理念和社会责任意识。此外，这种管理服务还包括了产品质量管理、生产流程管理、供应链管理、产业联盟等新的管理思想和管理组织。上海纺织企业应深化双边合作，与有关方面共同构建高效的质量管理服务体系，提升产品质量水平和贸易便利化程度。上海纺织企业在"一带一路"沿线国家推广企业先进管理经验，开展管理咨询，能够为当地企业制定发展策略和实施行业管理提供决策意见。

五、布局"一带一路"地区时尚产业链各个环节

全球时尚产业价值链每个环节都有各自的地区分布，在这些分布中"一路"沿线的国家参与并不多，"一带"则多集聚在价值链的低端地区，这为上海时尚产业的发展提供了新的契机，可以优先布局这些地区的时尚产业链，不仅能够占据原料采购、加工制造这些附加值较低的环节，也可以结合"一带一路"沿线国家纺织服装、时尚行业的民族特点，在工艺、设计、品牌上下功夫，以贴近当地文化特色满足市场要求。在布局过程中，还可以设立海外时尚产业基地并开展与此配套的物流、市场、设计等服务，打造"上海制造"的品牌。

六、提升上海时尚价值链的竞争优势

从上海政府的角度，需要加强服务功能。"一带一路"是国家性战略，上海的时尚企业要借此"走出去"，需要当地政府的引导和鼓励。为此，上海市政府要加强与"一带一路"沿线国家投资、贸易协议的签订与条件改善，帮助沿线国家建立安全稳定的时尚产业发展环境，同时给予上海的时尚企业在这些国家投资时一定的优惠政策。

从上海时尚企业的角度，企业要从低附加值的生产外包 OEM 向高附加值的设计外包 ODM，甚至是更高附加值的品牌外包 OBM 进行转变。上海的时尚企业要"走出去"，不能只靠国家的政策支持，本质上还是要依赖自身的产品和服务。相对于"一带一路"沿线国家，上海的纺织服装业存在一定优势，但是时尚企业要加速转型，就要加大研发的比重，特别是在工艺的改进、设计、品牌建设等附加值较高的环节进行突破，实现 ODM 和 OBM，提升上海时尚企业在全球价值链中的地位和话语权。

　　加快吸纳和培养综合性的时尚人才同样重要。"一带一路"实施"走出去"战略实质上是全球化的发展战略，这对时尚人才的素质要求更高，时尚人才不仅要提高自身的专业技能，还要熟悉语言、管理等方面的知识。因此，这需要政府、企业、高校三方面的共同合作，从企业的实际需求出发，通过高效传授专业知识、培养专业人才，政府则给予必要的补贴，不断提高时尚产业人才的专业素养，在"一带一路"的大环境下，更好地实现企业发展，提高"走出去"的效率和效益。

　　在国际化不断深化的背景下，推动时尚产业信息化更为重要。现如今，企业经营者需要深刻认识到信息化、数字化对于时尚产业发展的重要性。所以，企业想要实现"走出去"，就要将信息化与企业业务相结合，借助网络宣传推广、数据库实现信息化管理，通过电子商务迅速占领"一带一路"沿线国家的市场，将线下与线上相结合，从而更好地提升时尚产业的信息化，让品牌走向高端路线，提升时尚产业在价值链中的地位。

　　"一带一路"建设的推进任重道远，绝非一日之功。毫无疑问，这对上海的经济发展必将带来重大利好。对于上海的时尚产业来说，也是调整产业布局，开拓新兴市场，加快转型升级，重构竞争优势的难得机遇。在这一历史进程中，上海时尚产业如何把握政策红利，提前布局，相机而动，值得认真思考和衡量。

第十二章
上海成为全球时尚之都的道路

　　上海，中国当前经济最活跃、国际化程度最高的城市，大力发展时尚产业意义重大。将上海建设成为具有国际影响力的全球性时尚之都，坚持"消费引领时尚、文化积淀时尚、教育点亮时尚、科技驱动时尚、品牌承载时尚，'一带一路'作指引"的总方针，是上海时尚产业发展的必由之路。

　　从世界范围来看，时尚产业比较发达的城市主要有纽约、巴黎、伦敦、米兰、东京、中国香港等，这些时尚中心不但成为了时尚产业的中心，也成为了旅游文化产业的中心，同时也是时尚市场规模最大、消费力量较为集中的区域。这些时尚市场的建立和培养，都经历了一定的历史积淀，同时具有一些共性特点：一定的城市规模、较高的经济发展水平、深厚的文化底蕴、丰富的时尚活动；而这些城市又各自具有不同的时尚个性和特点，形成鲜明的城市性格，例如纽约的休闲与自然、伦敦的前卫与创新、巴黎的繁华与浪漫、米兰的古典与平和、东京的多变与活力，这些都大幅度提升了城市的吸引力，促进了城市的繁荣。

　　发达的时尚城市都拥有数量众多且高档的国际时尚品牌，例如从纽约诞生的唐可娜儿（Donna Karen）、在伦敦问世的巴宝莉（BURBERRY）、从巴黎走出来的赛琳（Celine）都是极具代表性的时尚品牌，而这些时尚品牌渐渐地成为了一个城市的标签。通过一个品牌，可以感受到城市所带来的生命气息。这种生命气息不仅是设计、创意，更是文化和底蕴。而这一切都将成为城市的吸引力，吸引着成千上万的崇拜者、投资者前来共同建设这个城市。

第一节

时尚如可推动城市经济发展

时尚行业的价值本质是买家驱动（buyer-driven）。谁是时尚产品的最终买家？当然是消费者。消费者是最终购买、使用时尚产品的群体。而在时尚产业链中，时尚买手也是买家。他们在时尚品牌的新产品发布会上对具有潜力的产品进行挑选，再将挑选出的产品在其店铺中进行销售。最终的消费者只是在这些时尚买手的选择中进行再次选择。所以从某种角度来说，是这些眼光独到的时尚买手推动着时尚产业的进步和发展。时尚行业既由时尚买手驱动也是时尚终端消费者驱动。消费者对时尚的看法往往会影响时尚行业的发展，而消费者的时尚观点又影响着一个城市的时尚指数和经济发展。举个例子，意大利米兰的时尚产业被认为是世界时尚产业的金字塔之顶，处于时尚产业价值链之高位。米兰创造了世界一流品牌古驰（Gucci）、华伦天奴（Valentino）、范思哲（Versace）、普拉达（Prada）、阿玛尼（Armani）等，然而在这些时尚品牌的背后，更多的是消费者对时尚的狂热。时尚行业的发展极大地推动米兰这座城市的发展。

所谓时尚之都，是时尚业聚集中心，即品牌设计中心、营销策划中心、咨询中心、贸易展示中心、流通与配送中心、消费与购物中心、流行发布中心。时尚之都（时尚中心城市）集中了时尚产业链核心部门、时尚价值链的高端环节，是时尚相关经济与社会活动（生产、消费、传播）的舞台，体现了一个地区或国家的时尚精神与文化，这些将大力推动城市的发展。而这些都是由消费者推动的。

第二节

上海的时尚行业推动城市发展的路径

时尚产业都市化是产业经济发展到一定阶段的必然结果，通过文化精品的广泛传播，增强城市吸引力和辐射力，赢得受众的认同，从而扩大本地企业的市场，慢慢向周边乃至全球进行辐射。以时尚文化推动品牌的建设，以品牌拓展市场，品牌的塑造必须明确该品牌区别于其他品牌独具优势的核心竞争力或核心价值。

时尚企业的发展可以理解为文化、科技和经济的融合发展，这种融合建立在为消费者提供高度个性化的时尚产品之上。一方面需要多样性的文化资源和以文化扩展消费的空间，另一方面也高度依赖现代电子信息技术手段。因此文化元素、科技手段成为时尚企业优化现有经济发展结构的重要因素。

文化应该成为上海时尚产业的血脉，是内化的实力。如果说城市发展是航向，西学东渐是指南，产业转变是前行的动力，那么，文化正是上海时尚产业这艘巨轮的龙骨，它以坚实的底蕴，保障着航行的平稳。文化元素与相关产业的融合重塑传统产业结构。任何一种时尚活动，都必须在一定的文化背景下进行。中国文化源远流长，上海文化是时尚产业促进经济增长方式转变的核心要素。文化是一种能带来巨大增值的资本，具有相同使用价值和技术价值的商品，其经济价值不仅可能由于使用功能和技术质量的改进而提高，而且更会因为其附加的文化含量的不同而上升。

时尚企业正是应以文化"利器"为新型产业模式的形成披荆斩棘，充当开路先锋。5000年文化源远流长，我们有优秀的文化基因。文化的力量，源于"天行健，君子以自强不息；地势坤，君子以厚德载物"的追求，源于"路漫漫其修远兮，吾将上下而求索"的执着，源于"知行合一"的自觉。传统文化的精华，是构建中华民族时尚产业的精神财富。在中国的大城市里，上海具有"东方巴黎"之美称，海派文化作为上海特有的文化体系，具有重大的商业价值。如何挖掘、润色海派文化，使之融入到设计、品牌、营销过程中去，是目前本土上海时尚品牌需要考虑的方向。

科技的发展为时尚产业打开了更广阔的天地。例如目前中国大力提倡的"互联网+"，促进了时尚产业的融合，也改变了企业生产、销售模式，优化了传统产业结构。互联网的应用更是让时尚企业能与各行各业的企业进行有机融合，这种融合跨越了传统产业的界限，将技术、文化、制造和服务融为一体，有利于时尚产业链的延伸和新型产业群的生成，大大地拓展了经济发展空间。

另外，不断出现的交叉学科，也已引发人类对世界认知在观念和实践中的深刻变化，审美意识和形象思维的提升，可以为时尚创新插上更有力的翅膀。科技和时尚是一枚硬币的两面，审美素养的积淀，会大大增益于激发蓬勃的创新思维；价值理性和道德情操的陶冶，为时尚创新生发更人性的光辉；对生活真谛的叩问，对存在意义的追寻，无疑是时尚从业者们强大的精神支柱和正确的研究导向。时尚产业的主要市场中心，包括消费市场和交易市场都处于都市，这一特性决定了时尚产业核心聚集于市场。时尚产业在本质上就是都市产业，时尚产业的形成或其生产条件都依赖于都市资源，如时尚媒体、金融资本、时尚市场、时尚展示等。从降低生产成本的角度，时尚产业将生产加工环节转移到了都市以外，而设计、营销等与市场信息和流行趋势紧密相关的部门和职能都保留在都市中。这种模式在降低生产运营成本的同时保证了时尚产业对市场的快速反应，即适时提供给市场最合适的产品，最终形成时尚产业的都市化集聚。所以在上海，政府应该大力挖掘时尚行业的价值，使其成为城市的标签，给予文化附加值。

第三节

上海时尚之都建设的规划

当前，全球经济缓慢复苏进程仍在继续，主要发达经济体美国的经济复苏势头较为强劲，导致全球需求结构发生了重大变化，对于时尚产品的需求也进一步扩大。我国长期坚持扩大内需的政策导向，又在不断刺激和拉动国内时尚消费，消费在经济增长中的推动作用不断增强。上海的政策环境不断优化，具有雄厚的轻工业产业基础，深厚的海派文化底蕴，庞大的时尚消费群体，这都为建设时尚之都奠定了独特的优势条件。

上海正处在"创新驱动、转型发展"的关键时期，对时尚产品的消费需求不断扩大，《上海市推进国际贸易中心建设条例》、《长江三角洲地区区域规划》、《中国（上海）自由贸易试验区总体方案》等相关政策的出台实施，都为上海市培育和发展时尚产业带来难得的机遇。发展时尚产业、建设时尚之都，是上海时尚产业发展国际化的客观要求，是上海发挥独特优势和彰显城市特色的必然选择，对上海时尚产业转型升级，提升上海时尚城市形象，打造上海成为国际时尚之都具有十分重要的意义。将上海打造成为国际时尚之都，需要做到以下几点：

一、推进上海时尚消费扩大与升级

（1）拉动上海时尚消费内需。增强科技创新，提升时尚产品的设计和质量，同时强调植入文化要素，增强品牌的底蕴，加强消费引导，提高消费者忠诚度，引入信息及大数据来做好产品的定位和市场分析，实现将文化、科技、品牌融合发展，扩大时尚消费。

（2）培育新的消费热点。倡导、推广绿色消费、健康消费，鼓励、扶持相关企业，拉动绿色时尚、健康时尚需求。完善相关法律法规，引导科学消费观念和意识的形成。

（3）关注经济新常态下时尚消费新模式的发展。结合经济发展趋势，优化完善时尚消费模式。运用"互联网+"与时尚消费的结合，开展经济新常态下时尚消费新模式的探索。

二、坚持以海派文化为核心的上海时尚产业发展

（1）突出上海特色，弘扬海派文化。注重海派文化与时尚的融合，塑造具有海派特色的时尚风格，举办具备海派特点的时尚活动，打造具有代表性的上海新地标。关注原创新生力量，挖掘体现海派文化的设计，扶持具有上海特色的自主创新品牌。

（2）传播上海时尚，打造媒体平台。培育专业的时尚媒体平台，推动时尚媒体走国际化发展之路。同时，通过政府政策的扶持和社会资本的投入来打造具有海派文化特色的时尚产业集群，完善时尚产业价值链。

三、建设以创新为驱动的时尚教育体系

（1）推动时尚学科发展，促进时尚教育国际化。助力时尚教育学科在"创新驱动、转型发展"中实现突破，形成具有特色的时尚教育体系。加强有关时尚院校的国际化交流，开设国际化课程，将本土文化与国际视野相结合。

（2）鼓励时尚创新创业，推行注重实践的教育模式。发展以创新创业为核心的时尚教育模式，培养创新型人才、实操性人才。在教育中融入对整个时尚产业链的学习，推动时尚的创新创业。

（3）加强时尚教育传播，扩大上海时尚教育影响力。发挥具有上海特色的时尚教育体系的优势，通过人才交流、教育交流、各类时尚活动的举办，培养、扩大上海时尚教育院校的影响力。

四、以科技创新为手段助力上海国际时尚之都建设

（1）建立时尚科技园区，会聚时尚科技人才。以"科技创新"为主题，通过对时尚产业科学、合理的规划，结合各个生产要素，聚集发展时尚科技的核心力

量，会聚时尚科技人才，实现时尚科技的整体协同发展。

（2）政策引导，鼓励创新创业。响应国家政策，充分发挥上海科技、资本、市场等资源优势和国际化程度高的开放优势，强调时尚科技创新，促进时尚产业与科技结合，鼓励时尚科技创新企业的创办与发展，为时尚科技的进步提供源源不断的动力。

（3）为企业和产品提供平台。建立时尚科技公共服务平台，开展以数字化内容、时尚和科技相结合的产业发展为特点的合作，推进时尚产业科技化和科技产业时尚化。筹办相关科技类时尚活动，强化时尚行业和科技行业间跨界合作的模式。

（4）引入商业化、市场化、资本化的运作机制。树立以市场为导向、科技竞争为动力的新思路，逐步完善自我发展机制。树立企业观念、效益观念、市场观念和竞争观念，拓宽资本化运作、监管渠道，提高资本化运营机制的科技支撑水平。

五、以品牌为依托承载上海国际时尚之都发展

（1）促进品牌孵化，找准品牌定位。品牌孵化需要明确品牌特性，打造其特色增强市场竞争力。同时，品牌要确定目标消费群体，掌握顾客消费特点和消费心理，占据消费市场。

（2）加强品牌运营，完善技术支撑。时尚品牌的长期发展需要完善的品牌运营体系，规范化的品牌运管管理。时尚品牌的运营需要运用现代信息技术，通过合理整合内部资源，为品牌的运营管理提供更好的服务支持。

（3）助力品牌传播，运用新型媒体。时尚品牌的传播要运用多种媒体平台，注重与新型传播方式的结合，使传播效用最大化。同时要注重结合自身品牌特色，向目标客户群传递品牌信息，扩大品牌国际影响力，实现品牌跨文化传播。

（4）提升品牌价值，发展时尚经济。时尚品牌产业化，需要加强时尚产业与时尚品牌的互动，健全时尚产业链，提高品牌和产业形象。同时，注重品牌的资本化运营，通过相关品牌运营活动实现品牌资本价值的增值。

（5）注重品牌创新，实现多元发展。通过品牌创新，在传承中为品牌注入新活力，也要把握流行趋势，在品牌设计中融入时尚元素。同时，运用科技的发展实现服装面料和品牌运营推广方面的创新，提升品牌的竞争力。

中国需要有自己的时尚中心，但不可能所有城市都成为时尚中心，同时不是

所有大城市都具备成为时尚中心的条件。相比较而言，北京、上海应该是最有潜力成为世界时尚中心的城市，但时尚发展从来都不是一路高歌的坦途，除了已有的条件外，还需持续地创造产业竞争优势，这取决于机会、产业和政府的努力。

生生之谓易。时尚产业驱动城市发展，既是形势所迫，也是大势所趋。只争朝夕，快马加鞭，还当登高望远，固本培元。时尚所向，不仅是科技进步或经济增长，它的深层价值，更在于发展方式的变革、民族精神的高扬和文化力量的崛起。

著名社会学家费孝通先生曾主张，各美其美，美人之美，美美与共，天下大同。这一美好的设想，正反映了当代中国人所追求的开放包容的胸怀和气度。时尚，正是在包容中得到创造性转化；城市，正是在融合中得到创新性发展。

上海要想发展成为国际时尚之都，需要"实现消费引领时尚、文化积淀时尚、教育点亮时尚、科技驱动时尚、品牌承载时尚，'一带一路'作指引"。

参 考 文 献

［1］2016上海国际服装文化节国际时尚论坛暨环东华时尚周即将举办［EB/OL］. 新闻频道，和讯网，http：//news.hexun.com/2016-04-15/183345730.html.

［2］ESMOD代表设计师［EB/OL］．［2012-08-08］http：//www.ellechina. com/hifashion/designer/20120808-pic-108441.shtml#1.

［3］ICICLE之禾落户巴黎引关注［J］.国际纺织品流行趋势，2014（2）：10.

［4］LVMH集团为"全球时尚CEO项目（伦敦班）作专题讲座"［EB/OL］. ［2015-07-29］http：//www.wtoutiao.com/p/k67ZHS.html.

［5］巴黎时尚科技展［EB/OL］．［2016-03-08］http：//news.sciencenet.cn/ htmlnews/2016/3/339973. shtm，http：//www.eet-cn.com/ART_8800719769_617693_ NT_414962d2.HTM，http：//luxe.co/post/42458/#top.

［6］边慧夏.科技园区地方协同发展的理论与实践——以上海市P区为例 ［D］.上海：华东师范大学，2014.

［7］卞向阳.国际时尚中心城市案例［M］.上海：格致出版社，上海人民出 版社，2010

［8］卞向阳.都市情境下的海派文化、生活及设计［J］.装饰，2016（4）：19- 23.

［9］蔡秀华.加强企业资本运作的对策思考［J］.资本运营，2015（7）：1-3.

［10］曹燏，卢春梅.从"上海双妹"的"复活"看品牌再设计［J］.艺术与设

计（理论），2011（8）：51–53.

[11] 长宁区产业发展指导目录（2016 版）[Z].长宁区政府，2016.

[12] 长水夕.从"双妹"品牌复出看色彩、视觉赋予品牌发展的力量 [J].
流行色，2014（1）：118–119.

[13] 陈立.推进我国绿色消费发展对策思考 [J].现代商贸工业，2015（26）：
12–13.

[14] 陈琳茜.从上海"双妹"谈企业品牌形象设计的创新与重生 [J].中国商
贸，2014（36）：52–54.

[15] 陈希.意大利时尚产业文化 [D].北京：对外经济贸易大学，2007.

[16] 费明胜，刘雁妮等.品牌管理 [M].北京：清华大学出版社，2014.

[17] 封春.品牌·创新·时尚 [N].中国工业报（中国机电日报），2013-01-
22（2）.

[18] 高长春.时尚产业经济学新论 [M].北京：经济管理出版社，2014.

[19] 高吉喜，范小杉等.生态资产资本化：要素构成·运营模式·政策需求
[J].环境科学研究，2016（3）：315–322.

[20] 高骞.上海打造国际时尚之都的探索与实践 [M].上海：格致出版社，
上海人民出版社，2010.

[21] 顾庆良.时尚产业导论 [M].上海：格致出版社，上海人民出版社，
2010.

[22] 郭翁项.运动服饰消费者购买决策分析及品牌忠诚度培育——以 LI-
NING 服饰为例 [D].大连工业大学，2013.

[23] 韩亮.我国商业品牌资本化的理论与实践 [D].北京：中央财经大学，
2008.

[24] 贺雪飞.潮起潮落：时尚文化解读 [J].黑龙江社会科学，2002（5）：
70–74.

[25] 互联网环境下的信息处理与图书管理系统解决方案 [N].齐鲁晚报，
2015-07-18.

[26] 贾荣林.时尚品牌广告的跨文化传播 [J].艺术设计研究，2010（1）：
73–76.

[27] 江亿，李强等.我国绿色消费战略研究 [J].中国工程科学，2015（8）：
110–121.

[28] 李爱香."产业品牌化、品牌产业化"打造产业集群——以浙江省嘉兴市为例 [J]. 企业经济, 2008 (5): 134-137.

[29] 李桂付, 曹林峰."一带一路"背景下我国纺织服装业的价值提升——基于江苏纺织服装产业的发展现状 [J]. 行业观察, 2015 (12): 28-30.

[30] 李璐. 法国时尚产业研究 [D]. 北京: 首都经济贸易大学, 2012.

[31] 李琦. 媒介融合背景下女性时尚杂志品牌传播研究 [D]. 长沙: 湖南大学, 2010.

[32] 李淑娈等. 拥抱大数据: 时尚产业的下一座金矿 [J]. VIEW 国际纺织品流行趋势, 2014 (1): 24-27.

[33] 李艳芳, 罗子明. 论国产化妆品的品牌文化塑造与创新——以百雀羚品牌为例 [J]. 生产力研究, 2016 (5): 147-149.

[34] 林莹. 海派老品牌的现代复兴与赋新——解读双妹品牌的高端打造之旅 [J]. 中国广告, 2011 (3): 113.

[35] 刘隽. 这五个时尚科技项目受到奢侈品老大 LVMH 的青睐 [EB/OL]. [2016-07-02] http://luxe.co/post/42458/#top.

[36] 吕洁. 时尚创意产业: 上海经济转型的战略引擎 [J]. 区域经济, 2010 (35): 73-76.

[37] 罗为纲. 加强资本运营管理 促进企业持续发展 [J]. 交通企业管理, 1998 (4): 12-13.

[38] 罗欣桐. ICICLE 之禾落户巴黎引关注 可持续时装品牌的法国之旅 [J]. 纺织服装周刊, 2014 (7): 68-69.

[39] 邱奇."一带一路"战略助推我国产业资本输出 [J]. 理论视野, 2015 (8).

[40] 任姝慧. 海外绿色消费主义对我国发展绿色消费经济的引导作用 [J]. 商业经济研究, 2015 (36): 43-44.

[41] 上海市人民政府发展研究中心课题组. 上海时尚产业政策研究 [J]. 科学发展, 2009 (10): 87-95.

[42] 上海市文化创意产业发展三年行动计划 (2016~2018 年) [Z]. 上海创意产业协会, 2016.

[43] 沈炎. 如何协调网上网下双渠道 [J]. 北大商业评论, 2010 (2): 92.

[44] 石磊, 郑浩娟. 传统杂志的数字化转型与融合发展——以时尚杂志《瑞

丽》为例 [J]. 新闻界, 2015 (3): 19-23.

[45] 时尚买手与管理 MBA 课程学习全体验 [EB/OL]. [2015-06-27] http: //www.wtoutiao.com/p/W23ybj.html.

[46] 宋文明. 上海家化复活"双妹"老字号的时尚营销 [N]. 中国经营报, 2009-05-04 (C07).

[47] 苏杭."一带一路"战略下我国制造业海外转移问题研究 [J]. 国际贸易, 2015 (3).

[48] 孙莹, 汪明峰. 纽约时尚产业的空间组织演化及其动力机制 [C]. 中国地理学会, 2013.

[49] 唐娜."双妹"百年亘越, 重生上海为赋新 [J]. 市场观察, 2010 (10): 67.

[50] 唐勇. 日本服装设计师的崛起与东方传统文化 [J]. 艺术与设计, 2009 (6): 239-241.

[51] 王平, 蒋昊洪. 四川农业科技队伍建设的对策研究 [J]. 西南农业学报, 2000 (4): 109-114.

[52] 王受之. 世界设计的历史及其现状——兼谈当代设计教育 [J]. 装饰, 1998.

[53] 王颖顿. 时尚之都纽约的成功经验及对北京的启示 [D]. 北京服装学院, 2012.

[54] 文中伟. 衣服的灵魂是穿衣服的人 [J]. 纺织服装周刊, 2010 (4): 82-83.

[55] 限量版设计点亮东华大学学生创意市集 [EB/OL]. [2014-04-23] http: //www.xiuhua.org/baike/shougong/108288.html.

[56] 徐峰."一带一路"上的纺织机遇 [J]. 纺织服装周刊, 2014 (43).

[57] 学会国际化思考 ICICLE 之禾落户巴黎的经验分享 [J]. 纺织服装周刊, 2014 (7): 69.

[58] 颜莉, 高长春. 时尚产业模块化组织价值创新要素及其影响机制研究——以五大时尚之都为例 [J]. 经济问题探索, 2012 (3): 141-148.

[59] 杨静等. 新材料与服装的创新 [J]. 装饰, 2012 (225): 94-96.

[60] 曾超. 产业体系中的科技时尚化与时尚科技化 [J]. 西部皮革, 2015 (21): 45-48.

［61］张帆. 快时尚服装品牌的营销策略研究——以 ZARA 为例 ［D］. 广州：广东外语外贸大学，2014.

［62］张鸿，鲜小林等. 科研单位支撑农业科技园区发展的成效及其人才队伍建设 ［J］. 天津农业科学，2010（6）：134-137.

［63］张辉. 全球价值双环流架构下的"一带一路"战略 ［J］. 经济科学，2015（3）.

［64］张晓明，马雪飞等. 浅谈服装中的绿色设计 ［J］. 商业现代化，2008（16）：186.

［65］张孝德. 绿色消费是化解环境危机的治本之策 ［J］. 人民论坛，2016（7）：46-47.

［66］郑涛，左健，韩楠. 产业转移背景下"一带一路"战略对中西部地区经济发展的影响 ［J］. 工业技术经济，2015（9）.

［67］之禾落户巴黎引关注 ［J］. 国际纺织品流行趋势，2014（2）：10.

［68］中国国际贸易促进委员会驻法国代表处. 法国品牌调研报告 ［EB/OL］. ［2013-05-31］http：//www.ccpit.org/Contents/Channel_3902/2013/0531/536442/content_536442.htm，http：//www.ccpit.org/Contents/Channel_3902/2013/0531/536443/content_536443.htm.

［69］中欧国际商学院《中国时尚产业蓝皮书》课题组. 中国时尚产业蓝皮书2014~2015 ［M］. 北京：经济管理出版社，2015.

［70］朱易安. 纽约与上海文化创意产业发展渊源之比较 ［J］. 科学发展，2009（5）：105-112.

［71］专访|东华新锐设计师闪耀伦敦毕业生时装周 ［EB/OL］. ［2016-06-10］http：//mp.weixin.qq.com/s__biz =MzA5NDE4NTQ5NA% 3D% 3D&idx =1&mid = 2652053748&sn=b14e4c250e6ce5211977c66a04cb7aa5.

［72］邹玉. 企业品牌运营管理 ［J］. 商场现代化，2013（3）：81.